U0138337

現在
now
on the
run
未來式

現在
now
on the
run
未來式

dearest tina,

現在就是未來 :)

donna
2014. 11. 9

序一 數語道破浮世表相／方念萱（國立政治大學新聞系副教授）

　　小說開始「秋風起」，而捧卷閱讀的我，抬眼看著面前電腦網路上的香港金鐘、撐持不去的青年，低頭讀到書裡的廟街、四處提問的圓臉少女。未來的書，眼前的進行式──我沒去到砵蘭街、沒填寫啟程券，此時此刻讀到順慈的作品，既有中彩的喜悅，也有倏忽周遊的迷惘。

　　順慈的小說和她的人一樣。我讀到白房大叔頭一次在電話裡誠懇的對著陳元致歉，「是的是的，好像有點太嚴格了」立時感覺順慈現身──順慈的話語裡就常有一迭聲的「是的是的」，讓妳對她話裡勾勒的世界十分安心。「送暖」或許是她不缺的教育者特質，然而「道破」──數語道破浮世表相──更是她之為紀錄片工作者、劇情片導演、小說創作者處處展現的本事。《現在未來式》的首站故事裡，陳元汲汲營營只想知道死期，卻不知已然安住其中，這故事直可以縮寫成佛家四字偈語，然而順慈的黑色幽默、舉重若輕的風格，讓這處的際遇有了多維的向度。當我看到「來自2064年的『我』，會在2014年化掉」時，驚覺當代社會學家、傳播學者埋首鑽研的日常時空壓縮經驗已經被順慈在小說裡以陳元這金句一語道破了啊。

　　「未知生，焉知死」，陳元從一開始對死期的好奇、驚懼（最可怕的是陳元說的「我不知我怕的到底是甚麼」），到兌現最後一張票券時放棄了對生之大謎的解惑，直往回走。小說這安排，乍看像是走了Charles Dickens的作品《A Christmas Carol》的路數，但是，我認為作者這安排要說的更多。高瘦男在給出名號之前，告訴陳元時

間工程本想助人回到過去，他認為像是年輕人的運動轟轟烈烈，但也為人遺忘，如果回到舊日時光，人們記起所來處，會更感恩。沒想到的是，高瘦男說科技進步了，人卻都想到未來，「我們總覺得，最好的時光在未來。」最好的時光在未來？大夢已醒、大願已足。陳元再睜開眼，五回時空往復旅行就只是五個不痛不癢的日期，現實裡連對「未來」的想望都不存；只在夢裡。最好的時光在未來？這提問並不虛妄；小說近尾，陳元將在小說中彷彿有著天眼的時間工程家的這個提問轉個面貌，成了街頭圓臉少女對陳元直接了當的提問，「你想改變世界嗎？」2014年秋涼時分，小說在這兒終篇，真實世界裡，很多事情才剛起步，其中一樁，就是朱順慈的小說「系列」——《現在未來式》讓我想領張時光穿梭券，奔赴之後三五年，得以一窺順慈繼起作品，先睹為快。

序二 寫在時代的斷崖上 / 區家麟（香港寫字的人）

　　高瘦男問我：「你確定嗎？」

　　「你知道嗎？我選的手提電話號碼，最後四個字，就是2047。」

　　「2047年，五十年不變的最後一年。」高瘦男輸入日子，2047年7月1日。

　　「我們這代人，一生就被這幾個數字定義，64、97、2047，我們逃脫不了。」

　　高瘦男回頭盯著我：「但是，生命，不只是政治。當你走到盡頭時，你懷念的，也許不是這些。」

　　眼前一黑，我從沒見過這樣的黑色，黑過墨斗、黑過黑社會。

　　耳際傳來群眾歡呼聲：「歡迎大家來到維園……等一會，黃之鋒會向我們發表講話，現在，先奏國歌！」

　　那是誰的國旗？那是甚麼國歌？

　　是黃之鋒已變，還是世界已變？

　　「我們浮出水面，往四下裡張望，我們還沒看清究竟，我們就又消失了，人們根本沒在時間長河裡看見我們。新事物層出不窮，而我們稱之為我們命運的，無非就是在波濤中的一次起伏中我們在擁擠的小水滴間的搏鬥。」

Ernst H.Gombrich

　　此刻，高瘦男把我送到時間長河的遠方，洶湧浪花之間，我冒

出頭來。

　　我透不過氣，還未敢睜開眼，已淚眼盈眶。

2014年10月13日

香港，時代的斷崖上

　　這是一部送給我城香港的小說。懸疑離奇過癮的情節背後，我讀到蒼涼，讀到生死，讀到信念，讀到愛，讀到作者對生於斯長於斯的這個城市點點滴滴綿密無盡的眷戀認同和盼望。2014，是香港的分水嶺。這部小說，為這個分水嶺，下了一個看似不起眼卻值得認真細讀的註腳。感謝作者。

1

秋風起

睜開眼，天花板上水跡斑斑。閉上眼，家盈似笑非笑。睜開眼，斗室燈光昏暗，外頭日落西山。閉上眼，家盈不見了，面前只一片漆黑，偶然幾點浮光，忽明忽滅。睜開眼，閉上眼，無所事事的星期天，我，無所事事。

無聊看臉書，掃來掃去都是藍天白雲、登機閘口、雜誌推介過的所謂美食、無窮無盡的自拍。臉書上，世人都很快樂。而我，剛剛失戀，長期打散工，嚴格來說可歸入「雙失」行列。在美好的臉書世界，一個雙失青年有甚麼值得跟人「分享」，沒有分享就沒有更新，沒有更新，就不存在。

但就算整個世界把你遺棄，你阿媽都不會忘記你。在我躊躇今晚煮出前一丁好還是辛辣麵好時，電話響起。

「喂，今晚食蛇[1]，有人臨時甩底[2]，多了個位，你來吧。」

媽的語氣，只差沒說 this is an order，當 order 的對象是她那個已經拿了成人身份證十五年的兒子，效果有多差？大家都有阿媽，你就不必問我了吧。

「我不來。」

十五分鐘後，我已經在三條街以外的酒樓門口。阿媽拿著兩張粉紅色的票據，塞了一張給我：「待會記得放票尾入抽獎箱呀。」看她喜孜孜的，好像那大獎已經是囊中物，問題是這種規格的蛇宴，會送得出甚麼吸引人的獎品呢？萬一給抽中了，還要上那個紅噹噹的台領獎，還要跟那個乜議員合照？放過我吧。

趁阿媽和她的隊友排隊放票尾，我快閃入場，找到那張屬於「和諧絲帶花社交舞樂隊」的桌子，低調坐下。

盯著這幾個九唔搭八的大字，還真的低調不來，每個字我都懂，合起來卻不知所謂，幸好鄰桌也好不了多少，「神奇小喇叭」大概是搞管樂的，至於「蒼涼的吶喊」，恕我資質差，單憑字面，我看不透這伙人是甚麼來頭。

擾攘良久，「和諧絲帶花社交舞樂隊」終於願意入座，清一色女將，陰盛陽衰，我就是衰的那個。全女班，如何跳的社交舞？話到嘴邊，我悉數吞回，怕一個不留神，提醒了十一金釵逼我上轎做她們的全天候舞伴。

「陳太，你細佬呀？」

千穿萬穿，馬屁不穿。陳太忽然多了一個三十出頭的親兄弟，樂極忘形，一手摸上我的臉：「他是我心肝寶貝。」話音未落，全檯十對眼像激光一樣聚焦到我身上，發放同一個訊息：「你條仔？」阿媽不知是真傻還是假懵，又摸多兩下，說：「我個仔。」

金睛火眼頓失焦點，黯然無光，阿姨們很快失去對我的興趣，各忙各的交頭接耳去。我閒著，光等吃。蛇齋餅粽[3]聽得多，若非託阿媽之福，發夢想不到會親自來一趟，今回能吃到四大奇食之首，都算一場造化。說是奇食，江湖傳聞，說吃了將來會變回選票，我蠢，不明白具體操作——食屎屙飯？食飯屙屎？這世上有甚麼不可能，但食蛇屙選票？會不會太奇幻？不過我一點也不擔心，我都無

---

[1] 俗語有云：秋風起，三蛇肥。廣東人喜歡在秋冬時分吃蛇進補，簡單到在路邊小店吃一碗蛇羹，或者呼朋喚友上酒樓吃蛇宴，菜式相當豐富。

[2] 甩底，即放鴿子，臨時爽約的意思。

[3] 蛇齋餅粽，分別代表蛇宴、素菜宴、月餅和端陽粽子，泛指香港建制派政團籠絡選民的手段。

能，但食蛇屙選票？會不會太奇幻？不過我一點也不擔心，我都無登記做選民。

選民又如何呢？像這群阿姨，她們精讀菜單時絲絲入扣，同樣的眼力和心神，我用人頭做擔保，絕不會出現在選賢與能之上。選賢與能？那是甚麼東西來著？可以吃的嗎？蛇宴就不同了，啖啖肉，先來太史五蛇羹，加朵菊花，加堆薄脆，吃了熱呼呼的，補身。

我覺得自己很憤世，吃蛇而已，何必扯到選舉那麼遠？好吧，不談賢能，只談蛇。已不記得對上一次吃蛇是何年何月，對「太史五蛇羹」卻印象深刻。太史是誰？五蛇又是哪五蛇？好學唔學，忽然好學，以為阿媽食鹽多過我食米，低聲問了她一句，她一聽，立即轉向全場廣播，十一釵你一言我一語，試圖找出是哪五蛇。因為從來沒想過，惟有先把自己知道的說出來，結果榮登五蛇榜的包括青竹蛇、金腳帶、銀腳帶和飯鏟頭……連毒蛇大聯盟都夠膽食，這世上還有甚麼不可能發生的呢？他們連自己吃的是甚麼都搞不清楚，靠他們選賢與能？蛇都死。

學乖了，吃到七彩三蛇絲和燉三蛇時，我亦無謂追究那是哪蛇搭哪蛇。酒樓氣氛本來就很熱絡，吃到羊腩煲和糯米飯時，渾身火燙，心裡生起了莫名感動。秋風起，天涼了，香港全年最適合拍拖的季節，我卻跟阿媽吃蛇，周圍人人高談闊論，我像給隔離在玻璃罩中，甚麼都聽不清楚。

「陳元！頭獎得主是陳元！」

最初喊我名字時，我完全沒聽見，叫到第三次，阿媽興奮跳起來，我才回過神來。

「你中頭獎呀仔！」

我幾乎是被挾持上台的，我邊掙脫強拖著我的一隻不知屬誰的手，邊回頭跟阿媽說：「搞錯了，票尾還在我這兒。」

誰也不管我在喊甚麼，反正我已身在台上，乜議員伸出他肥厚的手，咧嘴而笑，露出一隻閃亮的金牙，我本能地伸出手，一握，卡嚓，閃光燈亮起，我的存在，有了我不願承認的憑證。

2

頭獎

零時十分，終於回家。家在唐五樓[1]，頂著吃撐了的肚腩爬樓梯，加上燈光昏暗，很容易就會差錯腳[2]，我下意識按了一下口袋，裡面有枝既可外敷又可內用的三蛇補酒，真趴街了，即時派上用場，那就不枉此行。想起阿媽隆而重之小心輕放的態度，籠絡人心其實不需要很多錢，花小小心思足以叫那些久未逢甘露的阿姨芳心暗許。

　　檯獎是三蛇酒，頭獎斷估不會比這個差吧？剛才領過獎，我立馬放進褲袋，死活不給阿媽拆開，我也不知為甚麼，只是覺得在這種場合拿了個頭獎，太丟人了，恨不得九秒九逃離現場。

　　如今只我一人，我又不是聖人，對著這份叫做「頭獎」的東西，多多少少有點幻想——信封薄薄的，裡頭會不會是一張現金券？如果是超市禮券，這東西薄如蟬翼，風吹即起，主辦單位出手未免太低了。

　　零時十二分，我打開了人生首次抽到的頭獎，手居然有點抖，心跳輕微加速，幸好沒人看到，期待到這個樣子，這才真的丟人現眼。

時光旅行優惠卡

　　那是一張毫無重量的卡片，正面就寫了這幾個字，背面有一個在廟街的地址，再無其他。

　　我這傻仔，不相信眼前所見就是事實的全部，傻到把卡片放到

---

[1] 唐樓，沒有升降機設備的舊式樓房。

[2] 差錯腳，絆腳的意思。

燈下照，希望照出一張隱藏的藏寶圖，好了，三百六十度全方位照了一遍，桔都無。

時光旅行？廟街出發？玩嘢行遠啲啦，廟街？

那會是甚麼呢？我首先想到的是算命，那些師傅講過去未來講到實牙實齒，本質跟時光旅行相差無幾。命我無認真算過，不是不信命，只是聽說起個命盤，平平地都要幾千，我寧願留來交租好過。

免費的話，當然另作別論。

醒來的時候，外面陽光燦爛。週一，沒有工開的週一，賴床是預設制式，但對於一個無所事事想睡就睡的人來說，賴床有甚麼吸引力？

我又閉上了眼，避開刺眼的陽光。眼皮才合上，家盈又出現了，她在香港站和中環站之間的人流裡，黑壓壓的一片人頭，我卻一眼把她找出來，她束了一條馬尾，碎花上衣白色短裙，穿一雙布鞋，左足踝上的銀鏈，是某年我送的生日禮物。手上拿著美心膠袋，裡面是一包麥精，一個吞拿魚包。她在辦公桌前，開了電腦，開始工作……

這是我最喜歡的一種旅行。閉上眼，愛到哪裡都可以，自由。

睜開眼，我，一個人在床上。

起身洗把臉，鏡中人臉容憔悴，幾日無剃鬚，眼前人是自己都係咁話，樣衰。拿起剃鬚刀，刮了兩下，面頰刺痛了一下，旋即冒出鮮血。難得整理一下儀容，一整就出事，效果比之前更差。看著

鏡，我有點明白甚麼叫做顧影自憐。

去找膠布，找不到是意料中事，奇就奇在我拉開亂過亂葬崗的抽屜時，竟然看到那張「時光旅行優惠卡」，更奇的是，我看到一下閃光。

我肯定我沒有眼花，更肯定我前一晚沒有把優惠卡放進抽屜。何以那麼肯定？我臨睡前，明明把卡片放進了錢包，打算找天路過廟街時上去看看，好歹叫做頭獎，不要白不要。

管不了臉上的血痕，我一手把抽屜推回去。深呼吸了三下，大力往外一拉。沒有閃光，優惠卡也不見了。

光天化日，我背上有陣見鬼才會生起的寒意。轉身找到錢包，打開，拿出優惠卡。我信心動搖了，難道剛才真的是眼花？且慢，甚麼時候優惠卡上多了一行字？

時光旅行優惠卡
有效日期：今天

甚麼叫做「今天」？昨晚得的獎，如果說有效日期是「今天」，即是昨天已經失效？如果說我眼花，情況一定相當嚴重，這個新條款，我肯定是第一次見到。

發生甚麼事？我臉上涼颼颼，心跳加速，不遲不早，電話響了。

沒誇張，突如其來的鈴聲，叫我整個人彈起來。心血再少一點，

我已經躺在地上了。

　　我習慣不接沒來電顯示的電話，但一連串事件，令我改變主意。

　　「喂，你好，請問是陳元先生嗎？」

　　「哪位？」

　　「這裡是時光旅行打給你的，想提提你，優惠卡有效日期是今天。」

　　對方的聲音，聽起來是一個五十歲左右的大叔，標準廣東話，語氣挺親切，不像那些叫人一聽就想掛線的推銷員。

　　「我昨晚才拿到，今晚就失效，你們太沒誠意了吧。」

　　大叔笑了一下，滿歉意的：「是的，是的，好像有點太嚴格了，但沒辦法，這種優惠太特殊了，條款是有點辣，不過我保證，那經驗也是獨一無二的。」

　　「不過就是看個相算個命吧，可以有多獨一無二呢？」

　　「sorry？你剛才是說算命？」大叔聲音裡有按不下的笑意。

　　「那難道你真的是時光旅行？哈哈。」我乾笑一下，否則還真的不知如何表達我的譏諷。

　　「是呀，的確就是時光旅行。」他堅定地說。「機會難逢，我等你。」

　　電話掛斷了，臉上的小傷口止了血，仍然有點灼熱，想到這人居然有我的電話號碼，背上重新生起了涼意。

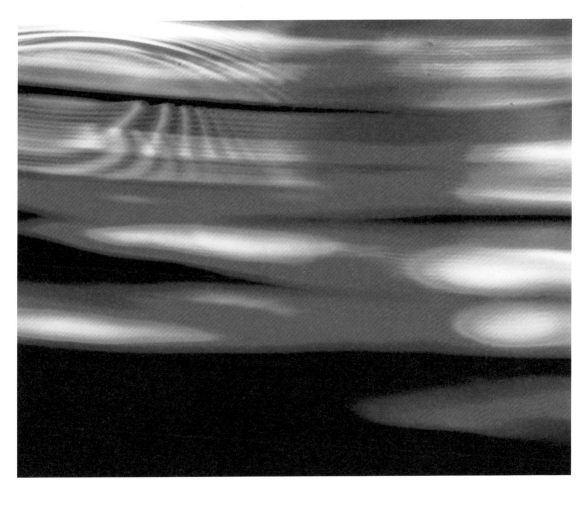

3
五十年

廟街，地鐵油麻地有落，我卻決定在砵蘭街起步。時光旅行是大件事，我需要多一點時間思考。而為了好好思考，我走進朗豪坊對面的翠華，叫了個魚蛋河走青[1]和凍奶茶走甜[2]。幹掉了這個近六十元的至愛組合，我腦裡仍是一片空白。

坐在向街的位置，可以看見風塵僕僕的上班族、渾然忘我的低頭族、左手夾著一大紮紙皮，右手抽著一大袋汽水罐的老人、自言自語的路人甲、拖喼而過往莎莎直奔的旅客……這樣的風景，昨日今日明日，日日如是，在這裡作時光旅行，有甚麼好玩？有甚麼意義？

我嘆了一口氣，未出發已消沉，然後一轉念，心裡暗暗一驚——世上有沒有時光旅行仍屬未知數，我竟然已在想好不好玩、有沒有意義？我有病無？

萬一這是個騙局呢？

自古騙局不外騙才和騙色，色我不擔心，兩相情願的話，誰又騙得了誰。財呢？這就不好說。單看表面證供，我確實窮到燶，開工不足，工種又奇特，三更窮五更富是常態。但親愛的讀者，實不相瞞，這是表象，真相是我銀行有一百萬元存款。請你暫且收起問候我娘的粗口，一百萬在香港是甚麼概念？這數目高出公屋資產淨值限額四倍有多，申請公屋輪不到我，買三百萬元私樓的話，勉強付得起首期，但之後二十年，每個月撲水供樓足以令我短十年八載命。我膽小，投機怕輸清光，投資又怕蝕把米，放在銀行收息，金

額不夠找我面前的河粉數。有一百萬現金又如何，我可能是史上最無為的「百萬富翁」。

　　錢是阿爸留下的。那天打開他的存摺，阿媽和我看到裡頭劃出的金光，驚呆了，生前孤寒的阿爸，死後立刻換上節儉的美名。阿媽拿了一百萬後提早退休，聯群結黨，搞了個不知幹甚麼的絲帶花社交舞樂隊，天天遊樂，話明等到坐食山崩就來投靠我。我把錢放在銀行，盡量不用，直情當自己無收過，連家盈也不知道有這筆錢，騙徒怎會盯上我？就當這是真的，到時我無論如何不去提款，他們又可怎樣？

　　要是家盈聽到我這段內心獨白，她一定會說，你想太多了，事情沒你想得那麼複雜。

　　當然也沒她想得那麼簡單。

　　大白天的廟街，感覺像荒涼的黑夜。路邊攤位尚未開工，老舊的大廈佇立兩旁，灰灰黑黑，無神無氣無顏色。我爬上那道陰暗的樓梯時，看到發黃的牆身，後悔起來，向上望，還有兩層樓，我停下了腳步。

　　「既來之，則安之。」

　　正要轉身下樓，忽然聽到兩句粵曲腔唱白，心底發毛，正常反應是拔腿逃走，我卻不知哪來的勇氣，一口氣跑上去，我決定了，就算走，也要先把這整人的大叔罵一頓再說。

　　虛掩的門後，一個笑容可掬的高瘦男子朝我微微欠身，示意我

---

[1] 魚蛋河走青，魚蛋湯河粉不加青蔥。

[2] 凍奶茶走甜，冰的奶茶不加糖。

進屋內。

　　我本來氣在心頭，見到這人禮貌周周，一時不好意思發難。入屋，首先見到一片白，定睛再看，眼前仍然是一片白。

　　有看過《matrix》吧？這是跟電影場景一樣的全白房間，光線柔和，一時分不到天花和地板，正中央放了一張小茶几，白得晶亮，上面一台打字機，笨重殘舊，在這純白到不真實的環境，打字機不但沒有構成視覺上的衝突，反而令我感到平安。

　　高瘦男看著我，保持微笑。

　　「歡迎你蒞臨敝公司時光旅行。因為業務性質，我們拿不到商業登記，因此沒有為參加者購買保險，為了確保你的安全，請你先細讀相關條款，同意了就可以開始。」

　　他的聲音跟電話裡頭的大叔一模一樣。我還未來得及反應，白牆上出現了一堆字，我下意識抬頭找投影器，頭頂是無盡的白色。

　　回看牆上五行字：

1· 時光旅行為時三十分鐘，請勿以任何方式強行停留，如有違約，生死自負。
2· 旅程中，旅客有三次顯現肉身和說話的機會，其餘時間會被隱形及消音。行使現身機會前，請默唸三次「講呢啲」[1]為記。
3· 時光旅行過程中，切勿攝影、錄影或作任何文字及圖像記錄。
4· 請尊重在不同時空的人和物，切勿帶走任何不屬於你本來時空的

東西。

5．時光旅行或會引起驚嚇、傷感或迷茫等負面情緒，惟亦有可能帶來歡愉、興奮或希望等感受，效果因人而異，請閣下自行衡量能否承擔，本公司恕不負責。

如果這是整人的騙局，連免責聲明也弄得一絲不苟，騙徒未免太高明了。但如果，如果這是真的，接下來會發生甚麼事？不是我多疑，而是這樣的機會，一般不屬於我。

「陳元先生，你抽到的大獎，貨真價實，絕無整蠱成分。這裡有五張優惠券，每次可用一張。」高瘦男從口袋拿出五張紙：「上面留空了年月日，你可以自由填上你想去的時間，條件是那必須是你在生的時間。」

甚麼是「在生的時間」？

高瘦男像聽到我內心的聲音，說：「就是由1981年你出生那天算起，直至你死的那天。」

我怎知我幾時死？

「抱歉，死期這回事，我們也幫不到你。」

握著那五張所謂優惠券，看著眼前這個聲音和樣貌不協調的地球人，環顧這個白到刺眼的房間，荒謬，卻又很真實。我頭很重，腳步浮浮，照說身體反應最老實，假如這不過是一場夢，夢裡應該不會有昏厥感。

---

[1] 講呢啲，字面解作講這些話，為近年在香港網絡興起的潮語，說時語氣輕挑，滿不在乎的反詰句，真要翻譯，可能是：你不是跟我說這些吧兄台？

「少年你太年輕了，你不知道的事多著呢，放心迎接這份大禮吧。」

少年你太年輕了……瞧你這副大叔模樣，閒時不會上高登吧。

「哈哈，怎麼不會？沒有工開的時候，我最喜歡上論壇逛逛，學一些流行語也好啊。說句真心話，對我來說，上高登好玩過時光旅行呢。」

該死的讀心術，這樣下去，我想去撒泡尿也被你聽到，一點私隱都沒有。

「抱歉，這是內置技術，取消不了。你現在便需要使用洗手間嗎？裡面請。」

從室內設計角度看，這地方真是見鬼的走火入魔，廁所沒有門柄，全白無縫的門，靠聲控，拍兩下手自動升起，裡面一樣是一望無際的白，再拍兩下手，門降下，隨即升起一個白色馬桶。

白到雪一樣，叫人怎好意思在上面方便？

反正我半點尿意都沒有，太緊張了吧，所有氣血往頭上衝，集中火力思考，手腳冰冷。我靠牆坐下，看著優惠券上空白的年月日，腦海自動浮起了《big fish》的一幕。電影裡主角的老爹，童年時遇上一個鑲了玻璃眼的女人，女人讓他看到自己死時的情境，因為早知自己會在甚麼場景死去，老爹從此變了大無畏，刀山油鍋都不怕，所謂膽正命平，視死如歸。

腦裡叮的一聲：如果我知道自己幾時死，我以後做人就不會畏首

畏尾。

　　拍兩下手，廁所門升起。

　　我把填好日期的優惠券遞給高瘦男時，他臉上閃過一絲猶豫。

　　「2064 年 7 月 1 日。那是五十年後。」

　　我點頭。

　　「你肯定？」

　　我用力點頭。

　　高瘦男無言走到打字機前，放入一張白紙。

　　打字機傳來清脆的敲打聲，first of july，2064，chan yuen。

　　一瞬間，眼前白色全沒了，我像坐上了超音速的過山車，被拋進時間的軌跡。

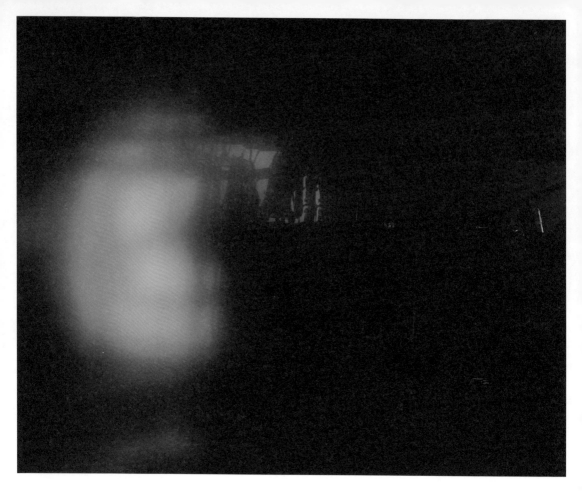

4
黑箱

從來沒見過這樣的黑色，黑過黑豆，黑過墨斗，黑過黑社會。最恐怖的是，我不僅見到，準確地說，我正置身在無邊無際的黑暗，伸手不見五指，連身體也看不到。我快快摸一摸褲襠，幸好，細佬[1]還在。低頭拉開褲頭看一眼，毛都不見一條，那種驚慌，如同在戰亂中跟家人失散，舉目無親，遍地哀鴻。我不由自主大喊了一句：「頂！」此起彼落的頂頂頂頂頂，從四面八方洶湧而來。

　　頂，我在一個黑到無朋友的回音谷。

　　冷靜，我要冷靜。

　　無錯，我本來就穿了一身黑，但底褲是白色的啊。白色在黑暗中應該發光才對，我再三向下望，依然是一片絕望的黑暗，我心冷下來，我會不會是盲了？

　　講呢啲。

　　自我安慰時脫口而出的口頭禪，忽然變了救命咒語。

　　講呢啲。講呢啲。講呢啲。

　　動漫看得再多，當自己和卡通人物沒差時，仍然覺得太不合邏輯，太沒有道理。默唸完畢，肉身回歸，白色底褲在黑暗中，閃閃發亮。腳下那雙泛黃的converse球鞋，雖不光鮮，卻讓我感到前所未有的親切。

　　抽好褲頭，順便伸手入褲袋拿手機出來。

　　「連線網絡中斷，請與供應商聯絡。」

　　我肯定我上網成癮，但也不至於天真到以為可以在2064年7月1

---

[1] 細佬，即弟弟，廣東話男性生殖器官的別稱。

日收到2014年發來的whatsapp，看手機，本來是為了看時間，不意還是看到了一個訊息：「不如重新開始吧。」

除了家盈，誰會給我發這樣的短訊？不如重新開始吧。這句對白，讓我想念的不是分了手的女朋友，而是《春光乍洩》裡的何寶榮。2064年，何寶榮死了足足61年。一閃而過的念頭，令我有點惘然。

念在我還要返回2014年，我很快回復理智——我飛快運算，短訊應該是我出發前發出的。以家盈的習慣，一定會不停檢查我最後上線的時間，以及查看短訊旁邊是一勾還是兩勾。好在連線斷了，她不會知道我其實收到但回覆不到。這樣也好，免得又無端生起新的嫌隙，難得她主動開口，我卻遲遲未覆，簡直罪大惡極。分手一個月，終於又到了講復合的關口，我還以為這真的是最後一次。來到這回合，估計她渴望得到的是韓劇的情節——我買一大束花，傻仔一樣的站在她公司樓下，等她和她那些《愛回家》[1]一樣的同事下樓時，情深款款地飛撲到她跟前，說：「讓我們重新開始吧。」

想到這大堆囉囉嗦嗦，我有點慶幸身在上不到網的地方。

而我其實不知道，我到底在甚麼地方。

雙眼總算適應了黑暗。時間久了，墨斗多了明暗的層次，仔細打量一下，這空間非常狹小，我張開兩臂即碰到兩壁，頭幾乎貼著天花。彎腰看一看地，腳邊有少量粉末，薄薄的一層，轉身看看，身後透著微亮的光。

我推了有光的牆身一下，牆身彈開，刺眼的白光像瀑布一瀉而進。

　　待我睜得開眼時，面前橫空出現了一副大眼鏡。所說的大，非同小可，黑色粗框大得可以把我整個人圈住，鏡片很厚，讓我立刻想起小時候見過的圓形大肚金魚缸，金魚缸後一雙大眼睛，帶點好奇和疑慮，掃視我身處的地方，當他進一步把頭探進來，我看到一根大如鋼條的鼻毛，太可怕了，我情不自禁退後一步，大叫一聲，順勢跌坐地上，揚起了塵埃似的白色粉末。

　　大眼睛置若罔聞，繼續探頭左右察看，現在我看清楚了，這是一個臉上長滿了深坑一樣的皺紋的老頭，我在他面前揮手，他沒有反應。

　　是的，他沒有看見，因為我也看不見自己的手，我又隱形了。

　　如果我這時默唸三遍「講呢啲」，一定會把他嚇個半死，等一等再說吧。但事與願違，手機不遲不早，在這個敏感時刻發出「嘟嘟嘟嘟」的響聲。

　　老頭臉色刷地變蒼白，緊接而來一聲怪叫，大眼鏡不見了。

　　2014 年，這是手機通報「要充電了」的聲響，在 2064 年的當下，四處無人，天外來音，老頭一定以為自己白日見鬼吧。

　　我站起身，一步就跨到有光的地方，然後砰的一聲，重重地摔倒在地上。有無搞錯，原來我方才身在半空，抬頭看一眼摔下來的地方——

---

[1]《愛回家》，香港電視劇集，以一間公司為主要場景的處境劇。

我立時忘記了掉下來的痛楚。

八呎高樓底，從地板到天花，劃出了一排一排的方格。方格面上刻了字，驟眼一看，不外乎是某人生於某年卒於某月，所用的字體跟和合石[1]慣見的不一樣，挺秀氣的，不是華康類，更不是新細明，有可能是特別設計的字體，用色很豐富，甚麼顏色都有。某些方格面上有滾動的影像，功能應該等同傳統的死人相。這裡少說幾百格，中間靠左的一排，其中一格的門給打開了，門朝外，我看不到上面的字。

不用看也知道，上面寫的是：陳元，生於 1981 年 9 月 1 日，卒於……

卒於何年何月何日呢？

我承認我很好奇。此刻，只要我站起來，上前把門關上，我就會立刻知道我的死期。答案是這麼近，卻又那麼遠，分明很想立刻知道，心裡卻怕得要命，更要命的是，我不知我怕的到底是甚麼。

還在三心兩意，老頭跑掉的方向傳來了一下巨響，我沒多想，唸了三句咒語，不但現出了肉身，還是實物原大，要說這不是一場夢，只能說時光旅行這公司的科技，實在太到家了。

經過打開的那扇門，我腳步慢了一下，看？不看？

我深呼吸了一下，頭也不回找老頭去。

老頭正從木梯上爬下來，見到我，一臉狐疑，問道：「甚麼事？」

「我在附近聽到巨響，過來看看，你沒事吧？」

「啊，無事無事，你有心。」他邊說邊打開地上一個紙箱，剛才的聲響，大抵因為有人把這東西從高處掉下來。老頭在裡頭翻了一會，拿出一包香。

　　見我盯著他，他有點不好意思：「很老土，是不是？我也很久沒點真香。」他壓下了嗓子：「電子香哪有味道？有時記憶體不夠，斷斷續續，真係大吉利是。」我含糊應了一句，由他說下去：「不過真香太稀有了，非常時期，點一支，心意心意。各位大大，有怪莫怪。」

　　「為甚麼說真香稀有？」

　　「後生仔你有沒有讀通識呀你？香港都不香啦，這有甚麼好奇怪？」

　　「香港為甚麼不香？」

　　老頭看了我一眼，大眼鏡下，一雙哀傷的眼睛，千言萬語，不著一字。

　　「你是外地人？找到親人的靈位沒有？這大廈十八層，層層上千個位，不好找。貴親貴姓名呀？」

　　他站在柱前，隨手點一下，柱身上出現了一個屏幕。

　　我一時無言。我可以叫他找「陳元」，但待會他發現陳元的靈位給打開了，見鬼的經歷會變得更實在，我固然不想嚇死一個萍水相逢的老人，歸根究底，原來我還沒有知道一切的心理準備。

　　「常家盈。」

---

[1] 和合石，指和合石墳場。

老頭輸入名字時，我心亂作一團，時緊時鬆，時快時慢。

「查無此人。」屏幕上的四個字，令我定下心神來。

「無這個人呀，奇怪，近二十年死的人都放這兒啦，她幾時死的？」

「那張美美呢？」

「查無此人。」老頭看著我，露出「嘅仔你係咪玩嘢」的神情，然而不到兩秒，他張大了嘴巴，神色驚恐，四下環顧，我隨他的目光轉了一圈，甚麼也看不到。

老頭鐵青著臉，連奔帶跑的走到紙箱前，拿出一大紮真香，唸唸有詞：「有怪莫怪，有怪莫怪。」

在他的呢喃聲中，我頭痛起來，老頭背影漸漸朦朧，世界在搖動，2064 年，戛然終結。

5

身後我

一道強光照進眼睛，我本能瞇起雙眼，掩映間，看見高瘦男拿著手電筒照到我臉上，一臉關切的俯身看我。

　　「歡迎回來2014年，你還好吧？」再次聽到大叔的聲音，恍如隔世。

　　「我們要先做一個檢查，確定你沒有帶走任何不屬於這個時空的東西，請。」

　　行色匆匆，我連自己死於何年何日都未搞清楚就回航了，帶走得了甚麼？我站起身，高瘦男的電筒在我身體左右上下的掃射，我轉身時，瞥見一直冷靜的他皺了一下眉。

　　「抱歉，你犯規了……糟糕了，餘下四次時光旅行，有機會作廢。」

　　「犯規？」

　　「不錯，你褲子上的白色粉末，時間深度儀的碳十四快速鑑定顯示，那是屬於另一個時空的物質。」

　　轉頭看一下屁股，果然沾了好些粉末，思緒不由自主往返2064年和2014年的當下，兩個時空的片段自動剪接，黑箱、大眼鏡、小方格……前文後理一下子全接通了，我在自己的骨灰位內摔倒了，落地時揚起的不是塵埃，而是火化鄙人後剩下的骨灰，是不會復燃的死灰。

　　「啊，原來是這樣。」大叔會讀心這一件事，真的有點討厭，往好處想，跟他說話倒是省氣省力。「情況有點棘手，雖然它們不屬於

這個時空，但從技術層面來說，那是由你身體而來，人類用同一副軀體經歷生老病死，燒成灰後，理論上包含了人生所有時期的你，當然也包含了現時空的你。嗯，這樣子嘛……」

我不耐煩聽他的碎碎唸，伸手擦一下屁股，掌心沾上一抹白，「我」在其中。

這薄薄的一層，就是「我」？

我呆呆地看著掌心，想到我的童年和我的老年都在裡面，我的眼耳鼻舌和僅有的一塊腹肌亦在裡面，我的喜怒哀樂也通通包含在裡面，「我」沒有重量，缺乏質感，似有若無，只消打一個噴嚏，「我」會四散在這個廟街的白色公寓，甚至不是粉身碎骨，而是骨都無得剩……連串念頭教我額頭冒出了汗珠，手心泛起一陣潮熱，看樣子，我要不會把「我」弄濕了，要不會熱得溶掉。我有預感，來自2064年的「我」，會在2014年化掉。

心頭一熱，有點酸有點痛，鼻子率先和應，酸酸苦苦，慢慢分泌成鼻水，然後到眼眶，溫熱的一泡眼淚，不聽使喚直流下來，大滴大滴的流過臉頰。

我不傷心，不難過，不，我甚麼情緒也感覺不到，我只是不能自已地流起眼淚，起初悄沒無聲，後來變成抽泣，最後變了嚎啕大哭。對上一次哭得那麼淋漓盡致，要追溯到小學三年級，那天被班上的肥仔技安打了一頓，身心受創，放學一見阿媽，哭了個死去活來。那是記憶中僅有的一次，不同的是，那次哭是因為害怕，因為

不忿，這次呢，我一點也不害怕，只是心裡多了一個無底洞，深不見底的空虛，重重包圍著我。

淚眼模糊中，高瘦男的身影又出現了。

「太好了，我剛跟總公司聯絡上了，他們判斷這個是哲學問題而不是物理問題，願意酌情處理……」大叔原本興高采烈，大概是終於發現我哭成淚人，話鋒一轉：「剛才發生了甚麼事嗎？抱歉，我去辦事了，沒有留意你說過甚麼，放心，餘下四次行程繼續有效，不用傷心。」

我哭，不是為了這個。

「那到底是為了甚麼？我看你快要哭出一公升眼淚了。」

冷笑話本來就不好笑，何況現在不是搞笑的時候。

「這是我最喜歡的日劇，不是冷笑話！」

隨便啦，沒所謂啦，人死燈滅。

「其實總公司今次肯酌情，還有一個原因。時光旅行不會阻止參加者填寫任何日子，包括你生前死後的日子，不過現在你知道了，到你還未存在或者已不再存在的時空旅行是很沒趣的，在你不存在的時空，一般情況下，你只會見到一大片漆黑，連旁觀者也不是，更別想有甚麼作為，所以我們才會請你選一個在生的時間去旅行。」

問題是我怎知道自己是否選對了時間。或者我很長壽呢。

「現在你知道了，2064 年你已不在生了。雖然你的選擇太進取了，但你的第一次多多少少算是浪費了，公司基於同情，決定不追

究犯規的事。」

是的，太浪費了，我為甚麼不敢看自己的死期？出發前，我明明是因為《big fish》，才會不假思索填上五十年後，說白了，我想知道，我會活到八十三歲嗎？

好吧，事實擺在眼前，我活不到八十三，但具體可以活到何時，我竟然沒有勇氣知道。大眼鏡說，之前二十年死的人，身後幾乎都是往那十八層裡去，這意味我的死期在六十三到八十三之間。六十三歲死的話，我仍然有三十年，三十年是長是短？我說不出一個所以然。2064 年，家盈還未死，用她的話來說，這太慘豬豬了，沒有我，她怎樣過的日子？抑或，她比我更早死，所以骨灰放到別處？歲月悠長，我一個人怎辦？還有阿媽，查無此人，她又是幾時死的？

一公升眼淚，源源不絕，我又哭崩了，這一回，包圍我的是無窮無盡的悲傷。

「我勸你不要想得太複雜，其實香港男性平均壽命是八十點六歲，以為自己八十三歲還未死，你太天真了。」高瘦男試圖安慰我，卻把我弄得更難過了，眼淚鼻涕一大把一大把，哭得一塌糊塗。

「恕我直言，人終有一死，難道你以為自己不會嗎？」大叔抱怨的聲音，像一記悶棍，重重敲了我腦袋一下。

難道我以為自己不會死嗎？

我提起衫袖，擦掉眼淚，腦海裡浮起了最近見過的一個老闆的

臉容。

「小陳，我死後是否風光，靠你了。」

「曾總，我會盡力的，不過希望你明白，寫自傳不同寫傳記，自傳用第一人稱，太多讚美反而不美，讀者覺得你自吹自擂的話，怕會弄巧反拙，寫傳記還有一些迴旋的空間，你要不要再考慮一下？合約還可以再改。」

「說的也是，我以前看過的人物傳記，可以寫到死的一刻如何風光大葬，還可以歌功頌德，的確詳盡過寫自傳。不過你知我的心結，我生意做到這麼大，人家還是土豪土豪的叫我，笑我盲字唔識個，靠，我想你幫我寫自傳，就是要給他們一點顏色好看。」

那天跟土豪開會的情況，歷歷在目，身為一個隱形寫手，「自我」也是隱形的，儘管我心裡那個叫「自我」的小傢伙，想到要幫這個財大氣粗的男人創作傳記，早就粗口橫飛，極度躁狂。無辦法，接一個傳記job，何止換五斗米，我肯定賺得多過幫奧巴馬寫講稿的文膽。

「我跟你講啊小陳，我身家多到三世都用不完，人終有一死是不是？我死之前竄改他媽的歷史，老子錢有了，名有了，才氣也有了，子孫會記住，老子是個傳奇。」

高瘦男一直聽著我內心重播那場充滿銅臭味的對話，愈來愈好奇：「原來現在有這樣的工作！這麼說，你本業是作家呢。」

講呢啲。

「抱歉，傳奇這回事，倒不是寫得出來的。管他賺十個億又如何，還不如你去一次時光旅行呢。」

　　而我，還有四個機會。

　　我看著手心上的一抹白色，收起了眼淚。

人類用同一副軀體經歷生老病死，
燒成灰後，理論上包含了人生所有時期的你，當然也包含了現時空的你。

想到我的童年和我的老年都在裡面，
我的眼耳鼻舌和僅有的一塊腹肌亦在裡面，
我的喜怒哀樂也通通包含在裡面，
「我」沒有重量，缺乏質感，似有若無。

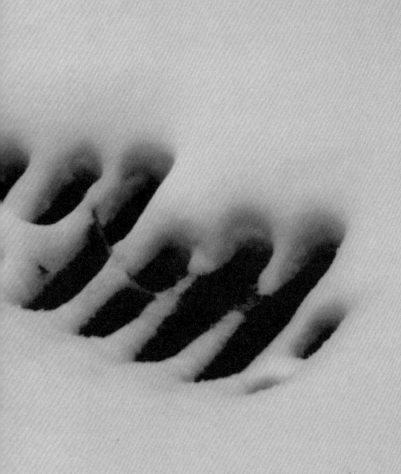

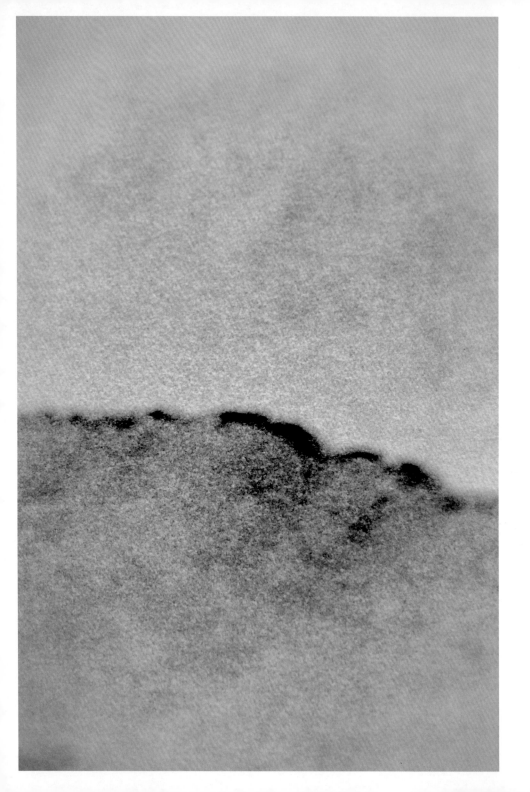

6

凌晨一吻

夜已深，廟街正熱鬧，兩旁攤位掛了火數十足的燈，光如白畫。人來人往，駐足看東西的人少，都像忙著穿過這條過道的沙甸。往旺角方向的和往佐敦方向的，有默契地分出兩條隊伍，魚貫前行，不為甚麼，只為安然擠擁著過去，來過，又走了，沒有留下甚麼。

　　離開前，高瘦男叮囑我好好想清楚之後四次時光旅行的日期，語重深長地說：「今天你啟動了優惠卡，兩週內有效，為免節外生枝，最好不要跟其他人提起這事情。拜託了，想得仔細一些，不要再白白浪費旅行的機會了。」言下之意，他還是覺得我的第一次是選錯了。

　　是嗎？真的選錯了嗎？我餓昏了，剩下半條人命，腦袋只維持基本運作，甚麼也想不到。走過喳咋[1]店，想坐下先小歇一會，小店裡頭坐滿了人，外面等吃的人一樣多，或者更多。我打消了念頭，反正，我最快要六十三歲才壽終正寢，少吃一頓飯，死不了。

　　因為同樣的盤算，我跳上了的士。反正，多花幾十塊錢，我仍會呼吸至少三十年，何況此刻我已累到連呼吸都覺得吃力，要上上落落坐地鐵，我直接露宿一宵就算。

　　司機在播譚詠麟的歌，我認得，那是《凌晨一吻》。小時候，一家三口，阿爸愛alan，阿媽愛leslie，我騎牆，對著阿爸唱《愛情陷阱》，對著阿媽唱《無心睡眠》。那一年，勁歌總選，兩人爭最受歡迎男歌手獎，家裡瀰漫濃烈火藥味，我很持平地說：「其實兩個都應該得獎。」然後裝模作樣地幫他們斟茶遞水，緩和氣氛。結果，

張國榮第 n 次輸了，媽媽當場哭了起來，阿爸抑壓著勝利者的興奮，遞紙巾給阿媽，她一手撥開了，說：「造馬，不公平。」兩人一發不可收拾的吵起來，陳年往事都一併開罵出來，我在一旁聽得津津有味，未幾便睡著了，第二天醒來時在自己的床上，太陽照常升起，爸媽像沒事發生過一樣。

阿爸熟記譚詠麟所有歌詞，常常自誇記性比他好，他在家放聲高唱《凌晨一吻》，唱到「含淚說再見，再會在凌晨」時，我彷彿聽到哽咽聲。當時年紀小，不懂得問老爸是否真的有這樣的一個舊情人，後來年紀不小了，又一天到晚往外頭跑，連好好談話的機會都沒幾回。

想著那些已經回不去的日子，眼眶又濕了，望向窗外時，我輕輕拭了眼角滲出的淚。

「哥仔你也聽過這首歌嗎？」司機對著倒後鏡中的我說。

「譚校長呀，怎會沒聽過？」

「我以為你聽周柏豪嘛。」

他見我不答話，又自顧自說起來：「本來我不是特別喜歡這首的，後來看新聞，原來有條友仔改了身份證上的名字做凌晨一吻，咁都得，笑死我。真有那麼好聽嗎？值得為首歌改名換姓？download 來聽聽，又真係幾好聽。」

「我記得他，去年不知他犯了甚麼事，又上了新聞。早陣子，有一個外國人改了中文名字做『激烈的海膽』，也有人提起他。」

---

1 喳咋，以紅豆、綠豆、眉豆、紅腰豆和三角豆等熬煮而成的甜湯。

「這麼說，改個怪名有著數呀，起碼別人會記得你。」

別人記得自己，重要嗎？想到屁股上的骨灰，他朝君體也相同，光留個名有屁用？要不就留點實在的，但那會是甚麼呢？我的豪情壯志經不起一點敲問，不消三十秒就灰飛煙滅。

在「這天可會瘋狂，世間可有天堂，你知我知」的歌聲中，我下車了。拖著疲累到不堪的身體，準備爬五層樓梯回家，未開步已經腳仔軟。你知我知，你知條鐵。

街角轉彎處突然撲出一個黑影，我全身僵硬，停下腳步，手往褲袋一插，除了手機，甚麼也沒有，真要自衛的話，唯有送上身上最值錢的手機救急。

從陰影走出來的是家盈。

她看著我，眼眶裡滿滿一泡眼淚。

我握著手機的手冒出冷汗，糟了，她發出「不如重新開始吧」的訊息，保守估計已超過十小時。在社交媒體統治人際關係的年代，十小時等於一個世紀，可憐的家盈，她的心一定已經碎了一百幾十次。

「你去哪裡了？打電話不通，whatsapp不看，上門又找不到你，我——我——擔心死了！」

準備了一晚的眼淚，終於有用武之地，可以毫不保留地傾倒出來。這種關頭，不論你平時看的是甚麼劇，上前擁抱哭崩的女朋友是常識吧。我張開手臂，把她緊緊抱著，她順勢伏到肩上，不發一

言，專心地哭。我想起高瘦男說的一公升眼淚，嘴角忍不住牽動了一下，然後想到她其實不會看到，我放心地咧嘴笑了一下。

肩膊輕微的晃動，沒逃得過她敏銳的觀察。她止住了哭，推開了我，定睛看我：「你在笑？」

「怎麼會？」我極速收回笑意：「難道你看不見我眼腫了？」

家盈捧起我的臉，在微弱的街燈下，端詳良久，越看越感動。「為甚麼？你不想分手，為甚麼不跟我說卻自己躲起來哭？」

是你叫我不要再找你的。

我沒說出口，有心講和就不要說太多真話，翻太多舊帳。

我們倚偎著，慢慢拾級而上，纏綿是表象，實情是我累得要借力上樓。都累成這個樣子，回到家煮個麵是正路，其他免問。

家盈憐惜地看著我狼吞虎嚥。在她的幻想世界中，我失蹤大半天，是為了避走傷心地，躲到四野無人的荒郊，不吃不喝乾掉眼淚。如果我告訴她，我去了一趟時光旅行，而且發現她和我死期有很長的距離，注定不會白頭到老，她不但不會相信，還會認定這是把她甩掉的藉口。

明知如此，我還是忍不住想試試。

「我在想，如果這世上有時光旅行那多好，我們可以常常回到開心的日子。」

「傻瓜，這世上怎會有這樣的玩意？」她笑道：「再說，憑甚麼你以為開心的日子都是過去式？我們的未來，一定會更好的。」

未來，說的是下一秒、下一天、下一年？

　　「這幾天我想得很清楚了。我們常常為雞毛蒜皮的事吵架，很傷感情，如果結了婚，成為家人，大家反而願意忍讓。我今年三十一，兩年後結婚，趁年輕生兩個孩子。日子我都想好了，2016年6月6日，六六無窮，路路亨通，你說好不好？」

　　「666不是魔鬼之子嗎？」

　　家盈笑起來，拍了我一下，我摟著她，雙雙跌倒在單人床上。

7

婚約

家盈離開了，給她睡了半天的左臂麻痺到失去知覺。我沒有強壯的臂彎，甚至負荷不了一個被幸福的幻想填滿的腦袋。她的絮絮不休，我聽起來像天方夜譚——生兩個小孩，湊成一個好字，兩歲報全英語的playgroup，方便將來讀兩間幼稚園，上午讀本地的，讓小孩早一點適應競爭，下午讀英文教學的，嬉戲為主，給他們一個快樂的成長經驗。從頭到尾，她都沒提過錢這個字，畢竟，幻想不必計budget。

　　我連續打了三百個呵欠，孩子連大學都讀完，我們也退休了，她還未說完，我知道，這樣的機會不屬於我。

　　我倒沒說這不屬於她。

　　我們在一起，拖拖拉拉，分分合合的過了三年。每一次分手，我都以為是最後一次了，結果還是有下一次。感情要好時，她說：「你很有才華的，你要努力，我會一直支持你。」吵架時就變了：「這世界上根本沒有懷才不遇。」她從小喜歡看亦舒的書，記住了大量金句，問題是她不是玫瑰，我更不是家明。聽說家明和玫瑰都沒有好結果，那我們呢？

　　怎樣的結果才算是好？

　　無論如何，五十年後，我們早就不在一起了。這就是結果。

　　不過是昨晚吃的蛇宴，感覺猶如半個世紀前的事。心煩，拿啤酒，打開冰箱時，看到冰箱門上貼著一張便條，上面是兩個心心一個日期：2016年6月6日。

就是這張便條，叫我起了一個大早，第二天上午九時，我又回到廟街的全白單位。

高瘦男應門時，不置信地看一下錶，很快又回復禮貌周周，欠身讓我入屋。我直接走到打字機前，把填好了年月日的優惠券放在旁邊。

「是2016年6月6日沒錯吧？」大叔的聲音，跟高瘦男尚算帥氣的面容實在不協調。

我點點頭，來這裡前很忐忑，此刻反而坦然了。

「看來很有信心的樣子，該是喜事吧？」高瘦男把紙放進打字機時，漫不經心地說。

我不知道，或許是，或許不，我就是想知道才要去。如果鐵定是喜事，以後安靜地等待它來臨就可以了，如果不是——

他點點頭，接話說：「就當做好心理準備。」

清脆的打字機聲響，一下接一下，剛勁有力，我禁不住追隨那節拍，整個人被聲音吸住了。

意識清醒過來時，我身在熟悉的廁所。抬眼一看，首先看見鏡中的我。確切地說，我同時看見正面和背面的「我」，2016年6月6日的「我」在照鏡。同一個空間有三個我，多出的當然是2014年的我。我慌忙躲到浴屏後，過了半晌，才醒起自己是隱形人，處境非常安全。我鬆了一口氣，環顧這個狹小的廁所，前後不需要三秒，如果我不是隱了形，「我」怎可能見不到我？

「我」在結領帶，白色襯衣，寶藍色西褲，以我的標準來說，算是非常正式和整齊。「我」神色木然，只專心一致地打結，顯然沒有留意自己未剃鬚。我在一旁看著，乾著急，結婚的大日子都忘了剃鬚，家盈見到又要大呼小叫了。

「我」繼續好整以暇，我費事眼冤，側身走出廁所。

家，驟眼看是老樣子。兩年後還住這裡，證明業主加租時沒有開天殺價。我坐上床，抬頭看天花，水跡沒有了，塗上了新的油漆。床單換過了新的，是我喜歡的淺藍色。工作桌一塵不染，書刊雜誌整齊地放在書架上，電腦開了未關，走近一看，看來是一篇講稿，映入眼簾的第一句是：「今年公司業績理想，資產淨值正奔向第五十個億⋯⋯」

億億聲，益生菌咩？陳元你這爛寫手，連這種鬼東西也寫了，業務真的蒸蒸日上。

還想看下去，身後傳來開門聲，「我」從椅背上拿起了西裝外套，準備出門，我忙跟上去。

門關上前，我瞥見冰箱門上的便利貼，家盈留下的黃色便條，兩個心心一個日期糊掉了一半。旁邊貼了一張白紙，上面幾行小字，看來是從打字機打出來的日期。我心念一動，門關上了。

「我」伸手截了一輛的士：「聖德肋撒教堂。」

事情太不對勁。「我」斷不會省到連結婚的花車都省掉吧？

側面的「我」，鬚根突出，神色依舊木然，笑容欠奉，說是趕

去辦喪事還可信一些。

　　我猜到一二了。

　　車停在附近橫街，「我」往教堂方向走，愈走愈慢，最後停下了腳步。

　　「我」轉個身，剛好跟尾隨的我打了個照面，把我嚇了一大跳。眼前的「我」，一面解開領帶，一面露出舒展的微笑，大踏步往相反方向走了。

　　留下我呆在當地，目送「我」瀟灑的背影消失。

　　我猜到八九了。我來到命運的轉折處，愛人結婚了，新郎不是我，奇怪，我沒有一點點的傷感。

　　汲取了上一次不敢看死期的教訓，這一回，我決定鼓起勇氣，無論如何要看看新郎是哪位。

　　四下無人，我默唸了三句：講呢啲。

　　以出席婚禮的標準來說，我這身造型無疑有點破爛，但以我身為前度的身份來看，喜歡說三道四的人反而會覺得合情合理吧。

　　未到教堂門口便碰到有點面熟的陌生人，她看來比我更尷尬：「噢，你來了。」我笑，不作聲。這種時候，說甚麼都有可能成為人家談話的材料，雖然眼前這個清秀的女孩不似是非精，但人不可貌相，家盈不也說過要嫁給我嗎？婚期還貼在我家冰箱門上，不過是兩年光景，劇本沒改，換的是男主角。

　　真奇怪，我都像在說別人的事，心裡一點難過都沒有。

這女孩也是一個人來。我們並肩走入教堂時，引來了在旁幫忙的兄弟姊妹團的注目。

前度來觀禮，值得那麼大驚小怪嗎？

我認得其中一個，名字我忘了，不外乎amy betty cathy之類。她緊張兮兮地走過來，擠出一個生硬的笑容，狀甚熟絡地說：「珊珊，你來了。」

「是的，我剛才也見到陳元了，不知他跑哪裡去。」

珊珊張望了一下，當站在旁邊的我透明。

該死，現身效力已過，我又隱形了。究竟每次可以現身多久？回去一定要問清楚大叔。

「陳元也來了？」那個amy betty cathy瞪起了眼：「真的假的？」

珊珊不理那女的，逕自走到嘉賓席。

嘉賓陸續入座，典禮快要開始。每次時光旅行三十分鐘，之前已經花了好些時間，餘下時間恐怕不多。教堂觀禮，儀式要多隆重有多隆重，萬一牧師訓勉超時，我隨時等不及見到新郎掀起新娘的頭紗。

不行，我要主動出擊了。新娘房在哪？直覺告訴我，跟著那個amy betty cathy就對了。

她踏著三吋高的高跟鞋，三步併作兩步的往禮堂後方走去。粉紫色的雪紡連身裙，露背，同時露出暗紅的暗瘡痕。跟在她後頭，我想起「我」的鬚根。

「家盈！」abc小姐衝入房間，氣急敗壞地宣佈：「陳元來了！」深呼吸一下：「珊珊也來了！」

鏡中的家盈很美，三十三歲，不再是青澀的少女，成熟了卻又未稱得上老。一身雪白，頸上一串渾圓的珍珠，臉上一抹柔光，顯得明亮，自信。

我心，痛了一下。

「我們有邀請他們的，有甚麼好大驚小怪呢？」

abc自討沒趣了，仍不忘賣乖：「我怕他們生事，待會宣誓時，隨便哪個大叫一聲：我反對！那就麻煩了。」

家盈氣定神閒，說：「珊珊我不敢說，陳元不會的。」

我心踏實了。好吧，她還算了解我。

abc小姐跑去忙別的，房間只剩家盈和我。她一臉幸福的看著鏡中的自己，這個神情，我認得，幾小時前，我在家裡的單人床上見過。

我離開房間，默唸咒語，現出真身，往禮堂另一面走去。

房門半開著，兩個穿禮服的男人在裡頭大笑。

「阿爸說的，人生有四大喜事，久旱逢甘露，他鄉遇故知，洞房花燭夜，金榜題名時。」

「你又不說，阿爸話肯結婚才開水喉？」

我呆住了。我認得這兩兄弟的聲音，他們跟家盈同校，弟是同班同學，哥是家盈經常提及的師兄。家裡有錢但低調，以前開廠的，

開投資公司，發了大財。家盈說過，他家上下像亦舒小說的人物。

　　果然，才聽了他們兩句閒話，還真不像人話。

　　門打開，兩人走出來，看見我。

　　「啊，是你？」我分不清誰是哥誰是弟。

　　「恭喜。」我伸手跟說話的人一握，他笑著握過了，指向後頭，說：「新郎是他啊。」

　　我們握了一下手，前面那位識趣地走遠了，新郎和我對視。「謝謝你今天來，家盈一定很高興。」

　　「別說客氣話了，你——你——會對她好吧？」話一出口，我就後悔了，我居然會在這種關頭說出那麼沒水平的話！

　　外頭有人喊進來：「開始了。」

　　新郎朝外面應好，回過頭來時，有點驚愕，快速環視一圈，喊伴郎：「條友去咗邊？」

　　還有一次現身機會。

　　我選擇坐到珊珊身旁的空位。看來她是不受歡迎人物，被安排坐到視線受阻的位置，前後左右只坐了零星幾個人。

　　音樂響起時，珊珊悄聲跟我說：「上次真對不起。但我不忍心你一直被蒙在鼓裡，所以……」

　　「後來事情還是發生了，我想再打電話給你，向你說聲對不起，你電話號碼卻改了。」

　　這故事看來比我想像的精彩，可惜時間快到了。

「你有我的號碼嗎？」

怎會有？我不認識你。

我掏出了手機，準備記下來，珊珊有點驚訝：「你這是上古款式，你這人很念舊。」

兩年前的手機是上古款式？怪不得我要被甩掉。

在歌聲中，我飛快輸入珊珊的電話號碼，按下「儲存」時，我看著指頭逐點消失，然後是手腕，然後是手臂，然後。

我失去了知覺。

抬眼一看，
首先看見鏡中的我。
確切地說，我同時看見正面和背面的「我」，
2016 年 6 月 6 日的「我」在照鏡。
同一個空間有三個我，
多出了的當然是 2014 年的我。

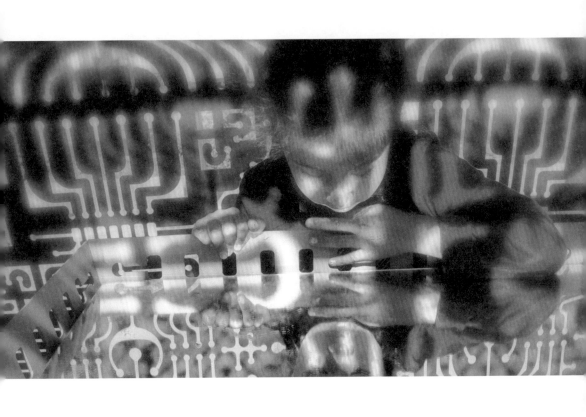

8

時間長河

醒來時，我躺在地上。我不願張開眼，雙手按地，一陣透心涼從指尖流遍全身，我先記起無盡的白色，幻想自己身在雪地，念頭一起，背上即有徹骨寒意，一向怕冷的我不但不以為苦，反而前所未有地輕鬆、舒泰，心頭有些甚麼放下了，溶掉了，像無聲著地的雪花。

　　我被這近乎淒美的畫面感動了，輕輕嘆了一口氣。

　　幾乎同一時間，右面傳來啪啪兩聲。

　　不情不願睜開了眼。《情書》的雪境瞬間化為烏有，我又回到了《matrix》的白佈景。轉頭望向右邊，高瘦男在低頭看些甚麼，然後啪的一聲，我沒看見雪花，卻意會到一片彎如新月的指甲應聲掉到地上。

　　頂，他非要在這麼傷感的時刻剪指甲嗎？

　　「抱歉，吵醒你了。指甲太長，不方便打字，呵呵。不過，你其實並不傷感啊——」他看一下錶，續說：「再說，睡了快十二小時，精神該很充沛才是。」

　　十二小時？難怪剛剛除了討厭的啪啪聲，還有從我胃傳來的咕咕聲。

　　「你又知道我不傷感？」

　　他笑了一下，不解釋。

　　「抱歉，因為你睡得太沉，我先做好了檢查，你這次做得很好，沒有帶回任何不屬於這時空的東西。第二次時光旅行結束了，希望

你滿意，下次再見。」

高瘦男客客氣氣的，實質是下送客令了。我坐直了身子，咕咕聲變成隆隆聲。

我不想回家。我不想一個人吃飯。我不想找家盈。我的臉書朋友，沒一千都有幾百，養 friend 千日，到如今，卻想不到可叫誰出來陪我喝杯悶酒。

大叔看著我，一臉同情。

「飲酒傷肝，少喝一點。我也餓了，我們去吃煲仔飯吧。」

這樣有風味的小店，2014 年都買少見少，再過多幾十年，搞不好要上美食博物館才吃得到臘味煲仔飯。你說是不是？短短兩日，所謂懶開有條路，我已經習慣了跟高瘦男談話時，無須真人發聲，省氣省力。

他沒回話，專心嚼著滑雞，有骨落地，津津有味。

真瞧不出你長相像吳彥祖，吃相像吳孟達。

他仍然沒答話，抬起眼時見我在看他，不好意思地笑了一下：「抱歉，你們這個飯太好吃了，我只顧自己吃，差點忘了你，失禮失禮。」

我懂了。離開白色單位，他的讀心術就不靈光了。這麼說，裡頭應該有某些類似竊聽器材的裝置，只是偷聽到人心底話的玩意，鴨寮街都肯定無貨。這家來歷不明的公司，究竟在搞甚麼？怎樣賺錢？賺誰的錢？關於這些，我怎會不好奇，只是我對自己的事更好

奇一點，所以還未有空去管他的。

「你公司其實在哪兒？」

「公司規定，不能說。」他拿起杯子，自顧自跟我放在桌面的杯碰一下：「你享受時光旅行就好，其他不要多想。」

「我不享受。」我拿起杯，一飲而盡。

「那多可惜啊。這機會難能可貴，萬中無一。」

「也只不過是提前見到自己失意的人生而已。」口是這麼說，我心裡卻並不真的在意。「我不在意」這個不便說破的事實，令我好不自在。愛人結婚了，新郎不是我，我不呼天搶地，fine，我不嚎啕大哭，ok，但我不但一點hard feeling都沒有，我甚至有如釋重負的感覺。為甚麼？家盈最喜歡說：「你不愛我。」我總是一而再、再而三，誓神劈願，連聲否認。

難道她早說對了？難道我不懂的是自己的心？

「你真的覺得失意嗎？單看數據的話，似乎有點出入。當你熟睡時，我們做了一個很全面的情緒採集和分析，你從2016年回來後，心情平穩，製成反應模型後，甚至可以見到後期有上揚的趨勢，說明旅行過後，你的情緒轉變是正面的。」

我心裡一沉，想像自己睡到像頭豬的當兒，有人在我腦袋貼上一大堆線，採集連我自己也說不出是喜是悲的情緒，還製成反應模型……我想起我最愛的《發條橙》，可憐的alex被五花大綁綑在椅上，眼皮給吊起來，頭上貼滿了電線，身體被注射不知名藥物，本來夠

瘋狂的alex遇上更瘋狂的科學家，三兩下手勢就被改造成一隻發條橙，純過波斯貓，乖過芝娃娃。

在我睡到像頭豬的十二小時內，他們對我做過甚麼？由接受從蛇宴抽回來的頭獎開始，繼而輕率地參加了原理不明的時光旅行，我會不會著了甚麼道兒？會不會中了降頭？會不會偷雞不到蝕把米？我會不會被基因改造，過幾天基因變異，正式進化成為人形蛋散？

我暗暗害怕起來，好在高瘦男失去竊聽法寶，不知我心裡十五個水桶在七上八落，飛濺出的水花，足以釀成海嘯。他忙著自斟自喝，兼且輔導員上身，苦口婆心，喋喋不休。

「不管怎樣，我認為沒有所謂失意和失敗的人生，末了，開心不開心，順利不順利，成功或失敗，遠距離看，客觀一點，都是一種經驗。一旦放到時間的長河，經驗無所謂好壞，最終只是構成『我』的元素。」

他舉起杯，見我沒反應，硬捉起我的手：「人生何處不相逢？但我們在時間的長河兩端都能遇見，這才難得啊！飲杯！」

桌上八枝喜力，他一個人幹掉了六枝半，看他的樣子，醉了沒十成都有九成。

我琢磨著他的話：我們在時間的長河兩端都能遇見？還來不及問他這比喻是甚麼意思，他就一頭栽到桌上，兩秒不到就打起呼嚕昏睡過去。

幸好路程不遠，我以為架著他走一段還做得到，但真正的挑戰在後頭。樓梯絕對是我的宿敵，唐五樓的訓練沒有逼出我的意志，看著前面連綿不絕的梯級，我又腳軟了。

「喂！醒未呀你？自己走上去可以嗎？」我認，我心存僥倖，奢望他能自行回家。

他整個人倒在我身上，堂堂一個大叔，竟然嬌聲嬌氣：「爸爸孭¹我上去。」

頂，爸你條命咩。

我出盡吃奶的力，抓起他的臂膀，把他拖上樓去，開頭我還注意不讓他貼地，爬到一半，上氣不接下氣，實在無能為力，我像拖牛一樣的把他拉扯上去。沿途發出種種碰撞和痛苦的叫聲，不在話下。

捱到門口，我也想昏睡過去。

送佛送到西，但佛祖去西方極樂世界可以坐觔斗雲，入屋用的卻始終是鎖匙。我猶疑了零點一秒，決定伸手探他左右兩邊褲袋——這傢伙身無長物，竟然只有一個指甲鉗。

指甲鉗？

我拿著這個吵醒了我的小東西，啼笑皆非。不過這三天發生的怪事還少嗎？指甲鉗 cross over 鎖匙，至少合理過骨灰 cross over 骨灰。

我舉起指甲鉗，芝麻開門，無反應。

我把指甲鉗貼上門邊。

叮。門縫亮了。

輕輕一推，門開了。

我用僅餘的一口氣把高瘦男拖進屋，叮，門自動關上。

房子沒亮燈，但白牆中央有一小段流動的文字，在光線不足的環境下，十分醒目明亮。

時間是一條長河，我們撿拾的是水奔流而過時濕潤了的碎石。

座右銘嗎？這公司裝模作樣的文藝腔，還挺嘔心的。

我拉起高瘦男，打算把他安置到牆邊，才開步，面前陡地出現了一條紅光。

對，就是《mission impossible》裡的那些紅外線。

這時，座右銘不見了，白牆上展現了字體大概有一百級的警告標示。

酒精超標，不予內進，訪客速回。

字大不可怕，忽明忽滅，又紅又綠，最後只餘下四個大字，我感到在我看不到的暗角，有人在看我，有人對我喊話。

---

1 孭，揹的意思。

訪客速回。

顯然，我就是那個該死的訪客。

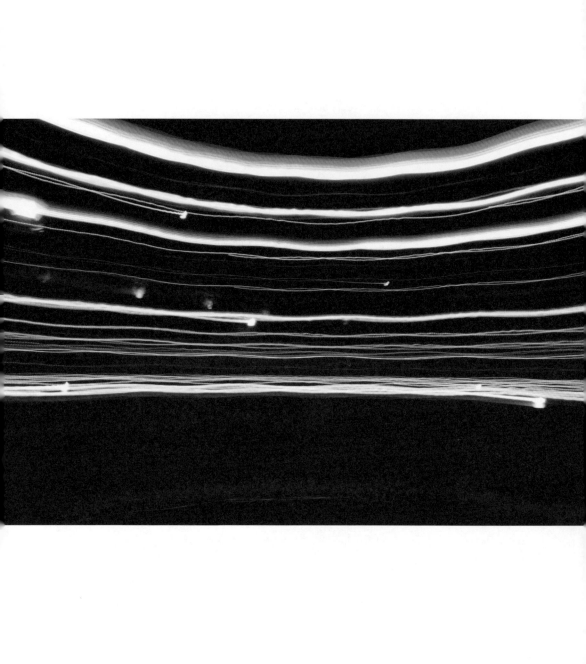

時間是一條長河，
我們撿拾的是水奔流而過時濕潤了的碎石。

一旦放到時間的長河，
經驗無所謂好壞，最終只是構成「我」的元素。

9

命運

躺在床上，眼光光，無心睡眠。

沒開燈，但香港的光害聞名於世，單靠外面的霓虹燈或車頭燈，我已看清天花板上的水跡。多得阿媽那夜拉我去吃蛇，我登上廟街號時光機，向未來出發，無端端未卜先知——兩年後，這片水跡會消失，換上新油漆，房子會變好，我繼續賣文為生的光棍生活。

睡不著，聽說數綿羊有效，數到第十隻，綿羊自行離場，那片愈來愈礙眼的水跡又借勢飄進我的思海。整治天花漏水是大工程，我那個只懂計算加幅和通漲的業主，擅長隻眼開隻眼閉，開眼時見到的是錢，閉上眼則方便卸責，這種算死草怎可能主動提出維修。我是租客，別名過客，得過且過，更不會沒事找事。由現在到2016年的七百多天，發生了甚麼才能玉成這可大可小的工程？

會不會是因為天花塌了，業主不得不死死氣收拾殘局？這可能性不小，看我連床單都換了，一定是現在睡的給塌下的石屎弄得一塌糊塗，實在不能再用了，我才會跑去買套新的。

在那次意外中，我當然避過一劫，兩年後我行年三十五，還要交多最少三十年租才撒手塵寰。我幻想，那天回家，見到一床碎石，天花有窿，我罵出一個單字後，我會做甚麼？

在2014年的當下，一切尚未發生，也不知道事情是否會這樣發生。我唯一知道的是「結果」，一個在2016年6月6日已成定局的結果。

我和家盈終於會分手的這個結果，已經寫好了。不管前一晚她

還睡在這裡，不管十分鐘前她仍在給我發肉麻到死的短訊，也不管我們未來兩年再離合多少回，最後答案，我無得留低。

無數念頭在空中亂七八糟地竄動，夜是靜，耳際卻是環迴立體聲，十萬個為甚麼連珠炮發。

如果沒有時光旅行，我不會預先見到這些結果，我們會一路走來，終於走到那無法逆轉的一步。問題是，我現在偷步知道了結果，這難道不會影響事情發展下去的方向嗎？舉個例，只要我明天就搬出去，2016年天花還漏不漏水都與我無關，而我在未來出現的場景亦隨之改變；又或者，我趕快跟家盈結婚，她兩年後就不能嫁給富三代，那個珊珊也不必可憐兮兮地跟我訴苦，我倆今生今世可能不會遇見。

如果命運能選擇，還算是「命運」嗎？如果我搞完一大堆小動作後再去2016年6月6日看看，仍然維持今天見到的結局，那是否說冥冥中早有定數？命中注定不是夢。但如果給我搞一搞局，竟然改寫了劇情，人定勝天，這麼勵志的結局，很想要吧？

命定，還是人定？

我後悔了。高瘦男既爛醉如泥，屋內無人，我為何不把握機會搜查一下那神秘基地？為甚麼我那麼聽話，一見到白牆打出「再前行一步，將取消時光旅行資格」時，不吭一聲立即就範？反正我又沒有非去不可的年月日，當時一步跨過那道紅外線，或許已經揭開了所謂時光旅行的一切秘密。

但我畢竟沒有，給那不知隱身在何方的誰嚇唬一下，屁也沒放一個就逃離了現場。

　　思想在拉扯，你一言我一語的在我腦內轟轟作響，我在快瘋掉前霍的一聲坐起，房間回復安靜。

　　在明暗不定的房間打開手機的通訊錄，排在第一的，是名單上唯一沒帶姓名的號碼。

　　高瘦男沒查出這個來自另一時空的號碼，這也難怪，那不過是一堆 0 和 1，無形相，非物質，超出碳十四的檢測範圍。

　　但對我來說，這號碼很實在，它連結了現在和未來。

　　我盯著號碼看，看了很久，呼吸一下比一下深重。

　　打，還是不打？

　　為了改寫命運而跟家盈結婚，說白了，至少這一刻，我真的不想。但打了這一通電話，原來的命運會被轉動，產生新的連鎖反應，過兩天，我再往 2016 年 6 月 6 日走一趟，便可以知道做人該不該信命和認命。

　　退一萬步說，我還真的沒認識過像珊珊這樣的女孩子。氣質清秀，雙眼晶亮有神，微笑時一臉溫柔，輕抿嘴角時，又予人獨立、倔強的感覺。

　　我深呼吸，按鍵，未待電話接通，立即掛上。

　　打通了跟人家說甚麼好？

　　「唔好話我唔警告你，小心睇住你男朋友呀！」

「留意一個叫常家盈的女孩子，她會搶走你男友。」

都太不知所謂了吧？

電話螢幕亮起，又熄滅，我吸一口氣，決定先打出去，電話通了，我自然知道怎說。

「電話未有用戶登記，請查清楚再打啦。」

2014年，在陳元的世界，珊珊，未登記，不存在。

改寫劇情的第一條線斷了。

我看著漸漸轉暗的電話，有點悵然。

仲有最靚嘅豬腩肉

仲有最靚嘅豬腩肉

電話鈴聲大響，日間聽來趣怪的麥兜歌聲，在深夜透著一點怪異。

我幾乎沒嚇得跳起來。

「小陳呀，未睡吧？」是曾總，未來一年決定小弟食粥還是食飯的金主。

「未呀，有甚麼急事嗎？」大佬，半夜兩點，你不是叫我出來寫自傳吧？

「我和老死[1]聚舊，談起你，想叫你出來喝一杯。」

我咿咿哦哦，他說：「有好路數，別想太多，出來吧。」

半小時後，我走進旺角好望角的二十四小時老麥[2]，立即就見到曾總二人。

兩個加起來一百歲的中坑，身穿的確涼，手戴勞力士，腳踏尖頭鞋，以這個造型在MK[3]出現，三個字，無得輸。

我快速視察一下環境，這個鐘點，人不多，卻也絕不算少，老麥不夜天，冷氣全天候，低消費，高質素，作為嘞妹嘞仔夜蒲重地，合理到極，但阿曾總，身家不知有多少個億，半夜三更想喝一杯，照計大把選擇。不過聽聞夜總會都生意淡薄，夜場買少見少，在 dragon-i 和 mc café 之間，後者又真的比較合理。

曾總堅持幫我買了杯朱古力奶昔。

「喝這個，好喝。」

他老死背靠著牆，肚腩卡在桌面下，似笑非笑打量著我。

我被他看得周身不自在，曾總不但不作介紹，還跟那老死交換了幾個眼色。

無病呀兩位？望夠未呀？

「有甚麼不妥嗎？」人在江湖，忍一時，風平浪靜。

「沒甚麼，沒甚麼，先喝東西，快喝快喝。」在曾總催促下，我只好吸了一口奶昔，心裡在盤算，他們斷不會下藥或是甚麼吧？劫財，我無，劫色，又不至於，迷暈了我，還要把我抬走，這麼大費周章，還不如剛才就派人在路面扑暈我。想到這裡，我放心把奶昔吞了。

[1] 老死，好朋友的意思。

[2] 老麥，即麥當勞速食店。

[3] MK，Mong Kok，旺角的流行叫法。

「可以。」老死很滿意地點頭：「他可以。」

曾總大喜，舉起他手邊的大橙汁，跟老死拿著的大可樂對碰：「看，我沒騙你，小陳文筆好，人內斂、低調，他是最合適的人選了。」

好喇喂，開估啦好唔好？

「哪裡哪裡。」

曾總收起了笑容，正色道：「小陳，我跟你介紹，張君。」

循例握個手，張君手掌肥大，握在手裡，卻輕柔得像一團棉花。

「張君和我，幾十年兄弟，要不是他，我無今日。你後生，你不知道以前鄉下生活有多苦，大家都想偷渡來香港，我們兩兄弟一齊游水來的。這一章，很重要的，你記好了，這是自傳重頭戲！」

我禮貌陪笑，頂你，你半夜叫我出來，就是為了這些？

「為甚麼我說這是重頭戲呢？」他真是有完沒完：「第一，正式偷渡前，我們每天約好一起鍛鍊，那時沿珠江邊，上上下下游幾遍，練氣，練力。好了，到約好游水來香港那天，我們兄弟倆，一前一後，說好了在終點見。入夜時分，嘩，死命游呀游，腦海一片空白，甚麼也想不到，就只顧拚命游，終於見到對岸，以為成功在望，一鬆懈，喝了一口水，人就慌了。張君本來在我前面，聽到我叫了兩聲，立刻游向我。我記得很清楚，夜色朦朦朧朧，但他的身影漸近時，給我很大的安慰，他叫我拉著他的手，那句話——」曾總深情地望向他的老戰友，有點哽咽：「我一世記住了，大哥。」

張君拍拍他的肩，說：「都過去了，現在都過上好日子了。」

「得人恩果呀大哥，你那時說，生要同生，死要同死，我心立刻就踏實了，又有了力氣。沒有你，我早餵魚了。」

張君淡然一笑：「你說人生啊，多少榮華富貴你都記不起來，末了專挑最苦最難的來記。」

曾總想了一下，接話道：「沒吃過苦，怎知後頭嚐到的叫甜？」

直到這刻之前，我仍然感到自己在搭檯，最後這兩句話，忽爾說到我心裡去。2016 年的挫折，是先苦後甜，抑或是苦日子的開端？

曾總終於轉入正題：「小陳，我想你幫張君潤筆。」

不是又來一個自傳創作吧？

「他呀，掌相八字、紫微斗數、易經占卜，你說得出的他都精通。」

塔羅呢？我硬生生吞下我的插科打諢。

「還有塔羅牌。」張君突如其來插一句，說完朝我打了一個心照不宣的眼神。「聽我說，你相生得算不錯，屬大器晚成，五十歲行大運。不要心急，慢慢來，你會成功的。潛龍勿用，機會到來之前，好好裝備自己。」

他說，裝備自己的機會，現成就有一個——他會口述羊年十二生肖流年運程，我負責執筆，印刷成書後，作者名是他的，版稅和各種收入，不用說也是他的。我身為幕後寫手，除了非常不錯的酬勞

外，還會得到十本贈書，條件是不訂合約，亦不准向任何人透露。

「謝謝你，我算過，我們會合作愉快的。」

張君胸有成竹，根本沒打算讓我說好或不好。時空彷彿暗自交鋒，某程度來說，堪輿學家一樣在操控時光機器，他們在星宿和命盤上穿梭，過去和未來都被他們看破了。

為甚麼所有怪事都圍繞命運兩字？那是單純的巧合，還是命該如此？在好望角的老麥，我墜入了命與運的迷霧。

如果命運能選擇，還算是「命運」嗎？

命定，還是人定？

打了這一通電話，
原來的命運會被轉動，產生新的連鎖反應，
過兩天，我再往 2016 年 6 月 6 日走一趟，
便可以知道做人該不該信命和認命。

10

銷售未來

張君約了我第二天中午上他的辦公室談合作計劃。

每次走進舊式商廈，時光自動倒流七十年。電梯門靠人手拉開，進去後要拉上那道不知是鐵還是鏽的閘，那些按鈕像給上百萬人摸過，平滑圓潤得如鑲在牆上的彈珠，那面牆呢，黯淡無光的慘綠色，配合頭頂忽明忽滅的光管燈，你話龍婆就在左近，我會信到十足十。

穿過由灰白紙皮石鋪出的走廊，我找到要找的招牌——「將軍命理」。一家聲稱能幫人趨吉避凶，銷售「未來概念」的公司，偏偏開在一棟過多兩年就變古蹟的舊樓，辦公室陳設風格，估計已經五十年不變，靠牆是鐵皮文件櫃，其中幾個沒關好，可見裡頭全是發黃的紙張，不外乎生辰八字和命盤之類的東西。那些看過相睇過掌的人，現在都在哪呢？我本無意發思古幽情，但置身在這樣懷舊的場景，晨早流流，我居然有點愁緒了。

張君的造型跟前一晚一模一樣。別人在老蘭[1]通頂，他哥倆在老麥，難得的是他半點不睏，先把我安頓在花梨椅上，再坐到我對面來，忙不及打開平板電腦，放大了一張圖，不等我發話就說要讓我儘快掌握基本功，然後滔滔不絕的說起命理abc來。

說甚麼基本功，我識條毛。做人，怎麼說都是老實點好，子丑寅卯辰巳午未申酉戌亥，少少地十二個字已把我全盤考起，又唔識聽，又唔識講。雖然未至於把卯字當成卵字，我認，我心虛到發了一身冷汗。張君講到木生火火生土土生金金生水水生木時，我頭頂開始出煙，再講到朱雀玄武白虎等神獸時，我有昏厥過去的感覺。

---

[1] 老蘭，即蘭桂坊，時尚夜店集中地。

等錢開飯是真的，但要先懂得這麼深奧的學問，我自問沒本事賺。

「張生，多謝你賞識，我幫你找個國學根底好的吧，我真的做不來。」

「你還不知要做甚麼，怎知道做不來？我跟你講呀小陳，我看人很準的，你會做得很好的。」

不過是代寫運程書吧。

「你看外面，男男女女一大堆師傅，市場早飽和了。我們要突圍，就要搞點創新的。」張君眼睛瞇成一線，胸有成竹地呼出一個煙圈：「我要出一本有文學風格的運程書。」

文學風格？即係點？腦海乍現前一天高瘦男說的話：「人生何處不相逢？但我們在時間的長河兩端都能遇見，這才難得啊！」

時間的長河？如果時間是一條河，人人往下流，上游和下游的朋友，慘過紅館[1]舞台和山頂[2]的朋友，終其一生都不會相逢。然則，我們在時間的長河兩端都能遇見，那到底是甚麼意思……

我隱約覺得，我似乎想明白了甚麼。

張君看著我，說：「小陳，說，你想到甚麼好點子了？」

時間是一條長河，我們撿拾的是水奔流而過時濕潤了的碎石。

我不作聲，拿起桌上的白紙，默寫了這一段。

張君掛上老花鏡，又遠又近地看了一會，終於看明白了，哈哈笑起來：「好！就是要這種文藝腔，你另外幫我找個人畫插畫，嘩，一定賣到斷市！」

　　我一門心思，已經飛到廟街的白色公寓，沒答上話。

　　「信我，你五十歲開始行十年大運。風水佬呃[3] 你十年八年，你現在可以不信，到時你一定會想起我今日這番話。當年我就是算到曾仔會大富大貴，游水來香港時，死命拉著他。你看，我這個投資，早賺突了。」

　　這樣的話也說得出口，曾總念念不忘的生死與共，對他老死來說，說穿了亦不過是一種「文學風格」。我看著咧嘴而笑，志得意滿的他，腦裡閃過一念，哼，任憑你是多厲害的神算，怕且也算不出我在蛇宴抽到個頭獎，更算不到我食蛇食出個未來，嘩，一般風水佬有十年八年做緩衝，你老哥沒有，我要拆你招牌，去一轉廟街就可以。

　　五十歲行大運？他算對了的話，我還要等十七年。如果他算錯，有兩個可能，第一，我五十歲前已開始行運，第二，我一世都不會行運。如果是前者，我開心來不及，還拆他招牌幹甚麼？就怕是後者，嘩，一世無運行，唔係講笑，到時拆他招牌亦無補於事。

　　這些念頭在打轉，張君說甚麼，一律左耳入右耳出。他猶在為未洗米下鍋的大茶飯興奮，我找個理由告辭，飯也不吃，往廟街飛奔。

[1] 紅館，紅磡體育館的簡稱，舉行流行音樂會的地方。

[2] 山頂，離舞台最遠在高處的座位。

[3] 呃，騙的意思。

未到門口，門自動彈開，高瘦男微笑迎我入內。前一晚醉到不醒人事，現在精神奕奕，看不出宿醉痕跡。

　　「我無醉。」討厭，一入屋就給他聽到我的心底話了。

　　「喝醉的人永不會承認自己醉了，未來世界還是這個樣子嗎？人類在自欺欺人這方面，從來沒進步過吧？」

　　我直看著他，清楚看到他面色一變。

　　「我不知道你在說甚麼。」他乾笑兩聲，走到打字機旁邊。

　　你知的，你是來自未來的人。

　　「你今天要去哪年哪月哪日？」

　　告訴我，你們為甚麼要回到這個時代？為甚麼要提供時光旅行？為甚麼選了我？

　　高瘦男回頭看我，一臉為難。

　　「抱歉，公司規定，我甚麼都不能說。」

　　說此話時，他右眼眼尾向天花飛快瞄了一下。我假裝沒看到，稍一轉身時往上看了一眼，白色的牆角，一點紅光閃了一下。

　　「我打份工，搵食啫。」

　　連這句也出動了，可見人類為了搵食，類似的悲慘命運，真箇是生生不息。

　　好吧，我先不急著要一個說法，費事你這家小器公司，一不高興又要取消我時光旅行的資格。

　　高瘦男轉憂為喜，拉開椅子坐下，面向打字機說：「你明白就好

了！請告訴我想去的年月日。」

2031 年 9 月 1 日。

打字機打出了最後一粒 1 字，我眼前一黑。

輕音樂。人們壓低嗓子在交談的聲音。杯子對碰。

意識清醒了，我不想立即張開眼睛，我靜心傾聽 2031 年 9 月 1 日、我五十歲生日這天的環境聲。

是為我慶祝生日的派對嗎？但為甚麼挑這種音樂？毫無性格可言。我想起《american beauty》中，kevin spacey 埋怨老婆總要在吃飯時播 elevator music。

我不會娶了這樣的一個老婆吧？

心一驚，睜開了眼。

眼前一個視野開闊的大廳，水晶吊燈和羊毛地毯增加了華麗感，人們三三兩兩的聚在一起聊天。男的西裝筆挺，女的身穿晚裝，露背露臂 deep v，珠光寶氣，輕聲笑語。

打死無人信這會是我陳某的生日會吧。

五十歲的陳元，一個人站在大廳角落，一貫低調、內斂。我從來最怕這種場合，表面衣香鬢影，言笑晏晏，但人們在交頭接耳的當兒，還不都在說人長短。不過怕歸怕，查實小弟從未獲邀出席過類似的酒會，搞不好真的要等到五十歲才有機會，怪不得陳元一臉

不自在。

　　我又環顧了四周一遍，沒找到更多線索。

　　我走到陳元身旁，好好打量了他一眼。五十歲，無肚腩，比現在消瘦，曬黑了，眼有神，不是我自誇，我的確不顯老，如果沒看到粗糙的手，實在看不出人到中年。黑色西裝、白襯衣，結一個黑白波點的煲呔，得體，又有點玩世不恭的味道，這身配搭，不像出自本人手筆。

　　陳元晃動酒杯，杯遞到唇邊，還未喝，又放下。他一定在擔心甚麼，期待甚麼，這種忐忑不安，我很了解，我記得會考放榜那個朝早，我咬爛了三包維他奶的飲管。

　　但活到這把年紀，還有甚麼會令我這樣不自在？

　　一個穿著露肩黑色晚裝的女人在我旁邊走過，她頸上掛著一串黑白相間的珠鏈，珠子滾圓，在白皙肌膚上，顯得俏皮可愛。她背著我，走到陳元身旁，貼著耳邊說了甚麼，然後提起他的手，輕輕握了一下。陳元淺淺一笑，另一隻手輕撫女人的臉。

　　我屏住了呼吸，期待女人轉身時看清楚她的臉。

　　她沒有轉頭，鬆開手便往大廳的另一端匆匆走去。我跟在後頭，快到大門口，曾總迎面而來。

　　曾總步履有點不穩，畢竟七十過外，但氣色看來很不錯。

　　女人停下了腳步，伸手跟曾總相握：「他在那邊。」她邊說邊回頭示意陳元的方向。

珊珊。

世界停頓了。

「緊張啊？呵呵，他有機會的。」曾總吃吃笑道：「十個提名嘛，無理由全部食白果[1]啫。」

我心停頓了。提名？甚麼提名可以有十個？諾貝爾今生今世輪不到我，難道是⋯⋯奧斯卡、金像獎、金馬獎，抑或爛蕃茄獎？

一個珊珊，十個提名，叫我霎時間如何招架。

在我三魂唔見了七魄時，珊珊和曾總不見了，回頭看陳元，他也失去了蹤影。一眾男女賓客，朝同一方向前進，我才發了一會呆，剛剛熱鬧不已的大廳，走剩了幾個人。

定下神來，正打算隨人群走，卻瞥見一個熟悉的身影朝相反方向奔跑。

家盈。

她穿了一襲長衫，腳踏三吋高跟鞋，意識上是奔跑，實際是碎步龜速。這一年，她也四十八了，但方才驚鴻一瞥，感覺她保養得極好，身段勻稱，輪廓分明。

雖然我急於知道那是甚麼提名和結果，但見到家盈焦急的樣子，我不忍心撇下她不顧。說到底，她前天晚上還睡在我臂彎。

我尾隨家盈離開大廳，從沿路擺設推斷，這可能是未來的九星級酒店。大理石牆面光潔亮麗，有規律地浮現出各種實用資訊：2031年9月1日，晚上八時三十分，氣溫32℃，空氣污染指數達頂級，

---

[1] 食白果，徒勞無功的意思。

不建議長時間戶外活動。

第十屆金鐘罩電影大獎頒獎禮　隆重舉行

　　我聽過金鐘獎，知道金鐘罩，而金鐘罩電影大獎，聞所未聞。

　　家盈在大堂水池旁彎下腰在尋找甚麼。她那道旗袍，看來隨時會爆裂。

　　我躲在假樹後面唸了三句「講呢啲」。

　　「找甚麼？我幫你。」

　　家盈抬頭看著我，一臉驚詫。

　　「你還未換衣服？頒獎禮快開始了，你別管我。」

　　我不管她大呼小叫，蹲在地上搜尋。

　　「是這個吧？」

　　她掉的是一只耳環，鑲了碎鑽的，我無論昨日今日明日都不會買給她的那種耳環。

　　「哎呀！就是它，謝謝！」

　　我們站起身，在充足的照明下，家盈感到不對勁。「你是誰？」

　　「陳元呀。」現身時間有限，無謂花氣力編故事。

　　「陳元明明在裡面。」家盈警覺地退後了一步。

　　「他是陳元，我也是陳元。」我決定和盤托出：「我抽中時光旅行的優惠券，我來自2014年。」

家盈先是一呆，繼而哈哈大笑起來：「這是你下一齣戲的情節嗎導演？這次記得要給我寫個角色，或者索性安排我跟小安合演母女好了。」

「小安？」

她笑得更開懷了，說：「真要玩得那麼認真嗎？多得你，小安今晚拿到獎的話，是香港有史以來最年輕的影后。真的，我們都很感謝你。」

她收起笑容，很誠懇的說：「沒有你，我們母女這些年不知會怎樣過。」

輪到我不知所措。

「快進去吧，時間不多了。你不是真的穿成這個樣子吧？信我，你會捧走最佳導演獎的。」

時間真的不多，有了之前的經驗，這次我總算趕及在消失前躲進廁所。

像家盈這樣的女子，不要說科幻小說，書都沒看過幾本，她的世界很務實，所以我才直話直說，結果還是不得要領。

時光旅行只三十分鐘，實在太短暫，我要抓緊時間，至少要在返回2014前，搞清楚我究竟拍了甚麼戲。

我在廁格內現身，開門出去時，一個十歲左右的男孩正對鏡整理他的小領帶。

我們在鏡中看了彼此一眼，他停下手，轉身面向我，以責備的

語氣說：「你怎麼遲了足足一年才回來？」

　　他眼睛清澈明亮，直盯著我，我在他的瞳孔裡，看見自己。

11

時間滾軸

我在小男孩的瞳孔中看見自己。不，正確地說，我見到的不是現在的我，也不是未來的我，我認得，那是童年的我。

在那雙清澈明亮的眼睛裡，竟然是十歲八歲時的我。我被這個奇幻影像震懾住，不但說不出話，連呼吸也有困難。這孩子是誰？此刻的我是誰？我是誰？我是陳元，但會場內有另一個陳元，陳元是誰？

我想得出神，再回過神來時，小男孩不見了，高瘦男一臉關切地盯著我。

九星級酒店的廁所不見了，煩到爆炸的輕音樂沒了，金鐘罩電影大獎消失得無影無蹤。

我甚至沒有眨過一眼，沒有動過一根指頭，人卻忽然回到了廟街的白色公寓。高瘦男蹲在我面前，我背靠著牆，遍體冰涼。

「發生甚麼事？三十分鐘了嗎？不可能……」我掏出手機，這回我學乖了，出發前按下了計時器，我遞到高瘦男鼻尖：「你看，你看，我才去了十分鐘！」

他避開，往後一退，乘勢跌坐地上。

「很抱歉，機器發生故障，我們不得不立即中止旅程。」

我不知該怎樣形容當下的心情，勉強找個比喻，情況就如你打了一晚通宵機，儲了一堆武器，大廈卻忽然痴總掣[1]，跳 fuse[2]，電腦畫面剎那歸零，春夢發完尚會記得點點溫存，突然死亡只餘一身冰冷，喊都無謂。

為甚麼？為甚麼？

「記錄顯示，剛才出現了極強大的腦電波磁場，嚴重干擾時空感應儀，為了保護旅客身心安全，我們必須作出這個決定，真的很抱歉。」

夠了！我已經聽厭你說「抱歉」兩個字。

「抱歉，啊，不好意思，但沒有辦法，太抱歉了。」

又來一句「抱歉」，我火大起來。「抱歉有甚麼用？我不管！我要投訴！叫你老闆出來見我！」

我果然是流香港血的香港仔，消費者權益倒背如流，差在忘了自己其實是零團費團友，除了請高瘦男吃過一頓煲仔飯，連購物的義務都不用負。

誰說大聲不代表無禮貌，you talking to me？我嗓門愈大，高瘦男愈失措，終於跑到一角，低下頭自言自語起來。

他又去請示從未現身的上頭，我則記掛著那個小男孩，他看著我在眼前消失，會不會馬上尿了褲子？廁所撞鬼，會不會有創傷後遺症，會不會變成童年陰影？

我逐格重播我們短暫的相遇，他劈頭第一句：「你怎麼遲了足足一年才回來？」

他以前已經見過我。他的「以前」是我的「未來」，聽他的語氣，我「遲了足足一年才回來」令他非常不滿。

他是誰？

---

[1] 痴總掣，電源出問題的意思。

[2] 跳 fuse，保險絲燒掉，跳電的意思。

2031 年，我跟珊珊成了一對，到時曾總的自傳應該寫完十九幾個世紀，為何他還會出現？難道他繼續當我的「金主」？還有家盈，分手亦是朋友還不夠，我居然好人到照顧她兩母女？她女兒叫小安，有機會問鼎金鐘罩影后，她演甚麼角色？天啊，我得到十個提名，會是哪十個？最佳編劇、最佳導演、最佳女主角……我有無份主演？或者客串路人甲？我無端端怎樣入行？為何有錢開戲？那是甚麼樣的故事？愛情？科幻？恐怖片？

　　我腦袋發熱心亂跳，跳跳跳，跳到嘴邊，我要吐了。

　　「請你冷靜！」高瘦男及時跑回來，一手按住我的肩，一手脫下我右腳的鞋，然後使勁地在腳趾公旁壓下去。

　　痛得我大叫了一下，心同時平靜下來。

　　「這是太沖穴，生氣或者激動時揉揉吧，很快見效。」

　　不看他的樣子，光聽他的聲音，一定會以為這大叔是個老中醫。

　　「唸高中時學的，保健養生要從小做起。」他邊按摩邊說。

　　學按摩？未來世界的課程應該相當實用，應該好玩過一群人在實驗室學開 bunsen burner。

　　他提起我手，邊揉掌心邊說：「是呀，古語有云，求學不是求分數，當年有個姓利的教授，推動了一場全民養生運動，成功爭取成為中學核心課程。你心火盛，有空多按這個勞宮穴。」

　　看來他是真懂，這些課程要考試嗎？

　　「當然要，我 DSE 養生科考了個五星星呢。」

看來考試大過天的現象，過去現在未來都不會消失。

極速療程完畢，我總算平靜下來。

「公司請我再跟你說一聲抱歉，因為剛才的旅行無效，我們會再安排你出發。但由於技術問題，我們必須提早你到埗的時間。」

我不明白。

「你剛才是晚上八時二十分到達的，再去的話，要提前至少半小時，即七時五十分。」

開甚麼玩笑！調早了的話，我怎知道我拿不拿到金鐘罩？

房間燈光暗下來，白牆亮了，一條時間軸投影在牆上。

「是這樣的，對大多數人來說，時間是線性的，我們習慣由左至右看，左面代表過去，向右延伸的是無限的未來。」

時間軸由左伸向右，中間切割了幾個畫面，變成動畫橫飛出來，繼而放大成一個定格，定格內有一段有畫無聲的影片。

「時光旅行的原理是把線性時間切割成以三十分鐘為單位的單元，換言之，我們在時間的長河截流，框住一個特定的時空，讓旅客以旁觀者身份出現。」

我似懂非懂。

「如果你只在旁觀看而從不現身，對那個特定時空的人，你的出現不會帶來任何影響。但根據記錄，你剛才現過兩次身，先後見過兩個人，他們的感受和行為多多少少受到影響，為了刪除這部分的記憶，你要提早半小時在他們面前出現，那末，以線性時間的邏輯，

排在左面的畫面會蓋過右面的，這個技術叫overlay。」

說起來像剪接，用一個片段覆蓋另一個片段。沒錯，發生了的已經發生，但因為出現另一個畫面，時序上出現得較遲的記憶會被壓抑，當事人習慣了線性思維，不會為意某些記憶被屏蔽了。

「你很聰明，不過overlay不是百分百的，有些人會有殘留記憶，或者會感到某些景物似曾相識，即是法文說的déjà vu。」

我還是一頭霧水。上次在教堂，我當著珊珊面前消失，那條數又點計？

「她會以為是自己眼花。別忘了，人是最擅長自我哄騙的生物。」

這是哪門子科技？萬一落在那些瘋狂科學家手上，不就可以隨意操弄人類的意識，以至竄改歷史偽造回憶？

「請放心，事情沒有你想的複雜，這套技術還在開發階段，但聯合國頂尖科研小組已經著手制訂多項守則。」白牆上現出我第一次來時見到的規則。

時光旅行或會引起驚嚇、傷感或迷茫等負面情緒，惟亦有可能帶來歡愉、興奮或希望，效果因人而異，請閣下自行衡量能否承擔，本公司恕不負責。

我不知自己能否承擔。過去幾天，我死剩堆灰又被女友甩掉，

難得這天看到事業的一點曙光，我只想盡快解開一切謎團。煩就煩在我無端白事多了個overlay的任務，待會頒獎禮未開始就夠鐘打道回府，只有半小時，我如何找到那麼多答案。

「如果你準備好的話，我們可以重新出發。」大叔的聲音打斷了我的盤算。

「提提你，你要想辦法在之前見過的兩人面前現身。」

overlay嘛，我懂了。

再見家盈，我一定要問清楚她中間十七年發生了甚麼事。至於那個男孩，見到面再想跟他說甚麼也不遲。

打字機打完最後一粒1字。

撲臉而來是濕潤的空氣，2031年9月1日，天氣仍然很熱很潮濕。

我站在紅地毯上。

面前陸續有俊男美女向我走近，我轉身一看，身後就是酒店大門口，我站的位置，正好面對無數攝影鏡頭。那些穿著如大明星的人進場前會稍稍駐足，緊接而來就是連串按快門的聲響。明知無人看到我，但忽然置身在這樣的場景，鎂光燈閃到我眼花，我還是本能地想找個地方避一避。

就在我東張西望之際，我看見陳元從另一端踏上紅地毯，旁邊一個少女挽著他的臂彎。

鏡頭沒等他倆走到影相位已全力開動，在兩旁看熱鬧的群眾歡

呼，我聽到有女孩子尖叫，有人大喊：「陳元，我愛你」。

陳元，我愛你。

我像給點了穴，不能動彈，站在紅地毯的另一端，看著五十歲的自己一步一步走近，周遭按捺不住的吶喊聲，標誌勝利和光榮，我眼眶一熱，流下了溫熱的眼淚。

死啦死啦，我做了甚麼大好事，竟然紅過林峰，威過艾威？

彼端的陳元渾身不自在，笑容有點牽強。我理解他的心情，這種大場面，電視看得多，親歷其境時，忽然站也不會，行也不會，笑也不會，懵盛盛，戇居居，像在發一場春秋大夢。

旁邊的少女卻泰然自若。十六七歲，長了一張圓圓的娃娃臉，看著就覺得喜氣，身形胖呼呼的，但並不顯得臃腫，反而給人紮實和健康的好感。

我肯定，她就是家盈的女兒小安。

「導演，打算拿走幾多獎呀？」記者群中有人叫出了問題。

陳元微微一笑，沒有回答。

「你剛在婆羅乃電影節拿了人道精神獎，有甚麼感想？」另一個記者隔著人群喊話。

陳元停下了腳步。

「我很開心得到評審肯定，這個獎說明，榮耀應該歸於曾經為信念、為自由和愛而奮戰的先行者，謝謝大家。」

陳元向興奮的群眾揮一揮手，拖起小安的手，快步在我身邊走

過。

我擦擦眼淚，趕緊跟在後頭。

酒店大堂我之前來過了，放目望向中庭水池邊，立即就看見家盈站在那裡跟一個女的聊天。

是了，我不要忘了 overlay 因技術故障而錯亂了的記憶。

我目送陳元和小安消失在舉行酒會的大廳，走到水池旁的假樹後面，打算等陌生女子走了才現身。

「好吧，我也不再勉強你，但無論如何請你回去跟小安說一聲，年紀輕時還不覺得怎麼，老了太胖對健康也不好。」

一聽便知道，纖體公司來找代言人了。從前現在，過去未來，他們的策略萬變不離其宗，先是不斷提醒你肥肥肥肥肥，強攻不下就力陳肥胖對健康的影響。

「真的不需要了，別的我也不多說了，你想想，小安憑甚麼得到這麼多觀眾喜愛？她演一個明知不可為而為之的學生領袖，帶領群眾挑戰強權。她真當了滅脂代言人的話，未免太諷刺了吧。」

時代究竟在進化抑或退化，摵脂已經不足以形容對脂肪的痛恨，說是滅脂，直情把脂肪當敵人了。

「電影角色是一時，健康是一世。」

「謝謝你的關心。你有沒有看到陳元在婆羅乃得獎時說的話？他說，榮辱是一時，信念是一世。」

女人沒回話，半晌，我探頭察看，只家盈一個，正低頭看著手

掌。

　　她的旗袍剪裁合宜，湖水藍綢緞，繡了金銀線，站在水池旁邊，燈光泛起水光粼粼，感覺和諧得像一幅畫。

　　時間寶貴，我要現身打破這一瞬的平靜了。

　　「家盈。」她專心看手掌，全然不覺有人走近，她做人就是沒有警覺性。她手上有一個小屏幕，半透明，懸浮掌心上。「即時新聞」四個大字，在半空中閃閃生光。

　　她抬頭，兩隻鑲了碎鑽的耳環各安其位。「你還未換衣服？你不是真的穿成這個樣子吧？」

　　她說話時收起手掌，屏幕不見了。

　　「穿甚麼不重要，榮辱是一時，信念是一世。」我活學活用，何況這話據說是由我說的。

　　家盈朗聲一笑：「要不要給你版權費？說真的，那天聽到你這麼說，心情舒坦了，很多事都是過眼雲煙。」她語氣一轉，嘆了一口氣：「陳元，我很羨慕你，你找到自己的信念，知道自己信甚麼，你甚麼也不怕。」

　　聽到她幽幽的聲線，我心隱隱痛了一下。

　　「你有甚麼好怕？」我本來還想說，你不是嫁了個富三代嗎？但我心裡明白，家盈婚姻一定出了問題，我硬生生把話吞回肚裡去。

　　「怕老呀！」她擠出一個笑容，定睛看著我：「那像你，半點沒變！」

她看著我，我看著她，2031年的家盈看著2014年的陳元，這麼近，那麼遠。我心又痛了一下。

　　「你現在這個樣子，跟我們拍拖時完全沒兩樣。」她退後了一步，上下打量我：「怎麼可能？你是不是敷了羊皮精華面膜？」

　　「我抽中時光旅行的優惠券，我來自2014年。」時間無多，我仍然想對家盈坦白。

　　她先是一呆，繼而哈哈大笑起來：「這是你下一齣戲的情節嗎導演？這次記得要給我寫個角色，或者索性安排我跟小安合演母女好了。」

　　輪到我呆住了，déjà vu，我已經聽過同樣的對白。

　　她收起笑容，很誠懇的說：「小安今晚拿到獎的話，是香港有史以來最年輕的影后。沒有你，我們母女這些年不知會怎樣過。」她上前擁住了我，頭放上我左肩：「謝謝你。」

　　我心又痛了一下。身體不復柔軟的她，耳朵貼著我肩膊時，我感應到一陣繃緊的情緒、一抹淡淡的哀愁。這些年，她到底受了甚麼委屈、吃了甚麼苦頭？

　　我情不自禁地張開雙臂擁她入懷。

　　「進去吧，時間不多了。你不是真的穿成這個樣子吧？信我，你會捧走最佳導演獎的。」家盈輕輕推開了我。

　　命中注定我們非得重複一樣的對白不可嗎？

　　褲袋裡，手機發出了時間提示的聲響。

我答應她去換衣服，依依不捨地離開了她。

大理石牆上，時間顯示為八時正。

第十屆金鐘罩電影大獎頒獎禮 隆重舉行

電影《無畏》榮獲十項提名

牆身的字隱去，音樂響起，小安的身影在牆上出現。

「時代屬於我們，我們無畏，我們無懼。」

她在演講台，台下萬頭竄動，人人鬥志高昂，她振臂高呼：「觀念改變世界，革命由心出發！」

背景音樂非常澎湃，蒙太奇鏡頭呈現小安和她的同輩堪比上刀山落油鍋的艱險旅程，旁白說：「一場意料之中的運動，一個意料之外的領袖，一段意在言外的尋索。」

史詩式電影——這真是我拍的？

從2014年的我的角度出發，這不是mission impossible，我根本不會有這樣的一個mission。

我討厭政治。歌仔有得唱，甜蜜十六歲，我十六歲在做甚麼？無他，看著一面旗落下，另一面旗升起[1]，之後年年爆大鑊[2]，鑊鑊新鮮鑊鑊甘[3]，樓市升了跌，跌了再跌，然後回升，升完再升，表面是經濟，關鍵是政治。偏偏我最討厭政治，上街遊行我嫌人多，燭光晚會我又怕熱，像我這樣的人，2014年時是宅男典範，2031年會拍

一齣史詩式電影？

究竟發生甚麼事？

我心跳又加速了，想起大叔的話，低頭按起勞宮穴。

低頭一望，這才發現面前站著一個小男孩。男孩背著我，專心看電影介紹。

那是我在廁所見到的背影。

我悄聲唸了咒語，現出真身，繞到他面前，擋住了他的視線。

男孩瞪大了他深邃清澈的眼睛，我心一動，又生 déjà vu 的感覺。

他定定的看著我：「你怎麼遲了足足一年才回來？」

為免引起技術故障，我刻意避開他的眼神。「我們上次是甚麼時候見面的？」

「去年燭光晚會呀。」

「我們以前見過面嗎？」

男孩沒好氣，說：「爸爸，我一出世就認識你了。」

我驚呆了。

「你是來自過去的爸爸，現在的爸爸在會場裡面。」

我被徹底擊倒了，這小子竟然連這個也知道了。

「好了，你答應我的事辦到了嗎？」看著他充滿期待的眼睛，我心融化了。

「我答應過你的，一定會辦到，問題是，我不知道我答應了甚

[1]1997 年 7 月 1 日，香港回歸中國，英國國旗落下，中國國旗升起。

[2] 爆大鑊，爆發大事件的意思。

[3] 鑊鑊甘，每次事件都很棘手的意思。

麼。」

　　男孩一臉失落，我彎下了腰，看進他眼裡：「請你告訴我，我答應過甚麼？」

　　我在小男孩的瞳孔中，再次看見自己。

我在小男孩的瞳孔中看見自己。

不,正確地說,我見到的不是現在的我,也不是未來的我,

我認得,那是童年的我。

我被這個奇幻影像震懾住，不但說不出話，連呼吸也有困難。
這孩子是誰？此刻的我是誰？我是誰？

12

燭光晚會

第一次技術故障是意外，第二次呢？大佬，你搞到我在兒子面前消失兩次，我怎向他的弱小心靈交代？

　　「那只能說是命中注定了。再說，不見得所有小孩的心靈都弱小，你不如擔心自己，剛才你血壓升到150。」

　　我本來就很抓狂，聽到大叔有點唏噓有點無奈又有點抽離的聲音，火燒心了。

　　張開眼，眼前除了無盡的白，甚麼也沒有。高瘦男蹤影全無。

　　「抱歉，我在忙，你先冷靜一會。」大叔的天外飛聲，令我氣上加氣。

　　你裝甚麼忙？你快出來，我要狠狠揍你一頓。

　　「不會喇，你是斯文人，幾乎連粗口都不會講，怎會打人。」

　　我默唸了一串以門字為部首的單字回應。

　　「好了好了，我又沒說你不懂這些基本漢語，你先別生氣，現在情況真的有點棘手，你知道嗎？你這次真的帶了屬於未來的東西回來。」

　　白牆上出現了一個小東西，一閃一閃的。

　　那是家盈鑲了碎鑽的耳環。

　　我立即記起擁她入懷時的觸感，她的身體不再柔軟，聲線沉鬱了，笑起來時，眼神帶著稍縱即逝的憂傷。她把頭伏在我肩上，耳環一定是這時掉進我襯衫的口袋裡。我完全沒留心這些，在那前後不到十秒的瞬間，我只聽到十七年光陰溜過，見到那隻傳說中的青

春小鳥，飛過，不留一條羽毛。

我怔怔地看著牆上的耳環，一雙變成一只。我心抽搐了一下，不由自主流了兩行淚。奇怪，每次來到這裡，淚腺好像特別發達，眼淚流了又流，本來就不是鐵漢，但變了哭寶寶，自己也受不了自己。

「本來基於私隱理由，我們如非必要，絕不會查探旅客時光旅行的細節，但為了解決時空錯置問題，我們翻看了你第一次到2031年9月1日的錄影片段。」

牆上的耳環淡出，影片淡入，家盈在酒店水池邊，彎下腰四處張望。然後，那個自告奮勇的茂利[1]現身，幾乎沒趴在地上的尋找，最終找回了掉失的耳環。

「我們把兩段片段交給命理分析員，初步結論是她命中注定會遺失這隻耳環。你第一次幫她找回是錯誤，第二次再去，把耳環弄丟了，符合命運的安排，卻違反時光旅行的規定，所以有點棘手。」

命理分析員？

「是的，命理分析員有點像舊時的財經演員，有些人笑他們最擅長演戲，我覺得這不太公道，起碼跟我合作開的蘇小姐，為人很樸實，意見很中肯。」

高瘦男聲音在我身後響起，他終於現身了，「蘇小姐正在趕寫一份報告和建議，需要一點時間，抱歉我們實在不能安排你再回到同一天了。」

我從錢包翻出一張未填年月日的優惠券，當著他面寫下：

2030 年 6 月 4 日

我要去這天，現在，立刻，即時，快。

高瘦男看看我，又看看填上日期的優惠券，面有難色。

「你要不要先回去休息，畢竟今天行程比較勞累，再出發我怕又有甚麼新的狀況。」

我遞上優惠券，看著他，不作聲。

經過這幾天的相處，感覺他是一個熟人了，盯著他看時，那種似曾相識，卻像有更久遠的淵源，時空錯置，時空壓縮，時空紊亂，一句到尾，上帝也瘋狂。

「好吧。」

高瘦男走到打字機前，捲動紙張，喃喃道：「反正命裡有時終須有。」

我命裡有個仔。我在 2030 年答應了他一些事，2031 年，未解決。為免走數，我要倒帶，看看到底我答應的是甚麼。整件事神奇在於，我這生人第一次見阿仔，在 2031 年，這時他已經識行識走兼且對著一個時光旅客仍處變不驚，但按他的時序，他第一次見到來自 2014 年的我，在 2030 年。我為了解開謎團，不得不親自去一趟 2030 年，這樣一去，又順理成章為我們在 2031 年的相遇埋下伏線……2030 和

---

[1] 茂利，一般指不知好歹的傢伙。

2031，何者先何者後，真是越是去想更是凌亂。我不知這算是時空錯置，抑或時空錯摸。我都費鬼事扯到小弟的精子和他媽的卵子那麼遠，好端端，正正常常的話，我初見他，他應該是一個人肉粉團，我則注定是一個只會變老不會變嫩的爸爸。一直活在線性時間邏輯的我，無論如何努力 think out of the box，時間的框框還是如影隨形。我真的看不透，不是說笑，再想下去，我怕我會頭爆。事不經過不知難，同時空玩遊戲？太複雜了，而我不知道穿越劇為何長做長有，那些十幾阿哥和乜妃物妃，又從來有沒有為雞先還是蛋先的問題愁煩過？

就是這樣想呀想，思緒又跑得老遠。

我忘了有沒有聽到打字的聲音，我只知道我一回過神，人已在一片燭海裡。

我是全場唯一站著的人，三百六十度轉一個身，東南西北四個方向，點點燭光無限延展，連綿一大片。每點燭光前坐一個人，用我從電視新聞學回來的統計方法，坐滿六個足球場，少說十萬八萬人。夜色深沉，一輪新月低懸，像晃動的燭光跑上半空，天上人間，相互映照，好一個悅目平和的景象。

我卻感到很不對勁。

幾萬人聚在一起點蠟燭，有沒有可能安靜到不發出半點聲音？

這晚會，我參加過兩次，第一次跟阿爸阿媽來，第二次是一大群大學同學，因為喊不出口號，又受不了難分真與假的哭喪音，以

後就不再來了。

此刻，現場無奏樂，無口號，無哭腔，寧靜到一個點，我甚至聽到燭光在初夏的微風裡，偶爾發出呼呼聲，乍聽還以為是少女的祈禱，幽幽的，淡淡的。

我仗著隱身的優勢，肆無忌憚蹲在地上，近距離觀察與會者。先往左看，一個中年女子盤腿而坐，眉低垂，眼觀鼻，鼻觀心，氣息勻稱，似打坐多過靜坐。往右看，少年眼緊閉，面帶微笑，腰板挺直。

咦，不對——這些人不會真的在打坐吧？

我學著他們盤起腿，坐直身子，微閉雙眼，不由自主地練習起腹式呼吸。吸氣時，肚微微隆起，呼氣時，肚慢慢變扁平。調整好了，心裡自自然然數算起一呼一吸。

事後想起這個片段，我完全說不出我為何會自動加入，我只是覺得，空氣裡有一股安穩的力量，我非如此和應不可。在那段小時光，我腦裡一片光明，身心從來沒試過那樣的自在，我接受自己的一切，唔靚仔？算把啦。無前途？由佢啦。我無欲無求。

如果我的手機沒有預設時間提示，這趟旅行真是白跑了，三十分鐘時限一到，我會發現自己盤腿坐在白色地板上，本來要解的謎團，原封不動。

鬧鈴驚醒了我，同時驚醒了身旁的少年。他張開眼，疑惑地環視了一遍，旋又閉起雙目。

後面傳來一把熟悉的聲音，儘管壓低了聲線，因為就在我身後，每字每句清晰可聞。「爸爸，你聽到了沒？」

我猛然回頭，陳元和他兒子，不偏不倚，就坐在我後面。

陳元朝兒子皺一下眉，做了一個不要說話的手勢。

兒子沒趣，靜下來，人是坐著，眼睛在旅行，心不在焉。

陳元閉上眼，眉頭仍然深鎖。我爬起身來，往下望，見到他頭上斑斑駁駁的白髮。

他跟前的燭光晃動得特別厲害。風動、心動、燭火動？看來全都動得厲害。

兒子繼續百無聊賴，過了一會，輕拍了陳元一下。

陳元張開眼，一臉不耐煩，掛上一副「又怎麼了」的表情。

兒子做了一個小便的動作，陳元點一點頭，又回到他躁動的靜坐裡去。

小子借尿遁，我不能錯過這個黃金機會，緊跟在他後頭。

穿過安靜的人群時，我看見幾個穿上同款衣服，看起來像糾察的人，舉起寫了不同內容的牌子。

靜思晚會進行期間，會場全面禁語，敬請合作
內省運動十周年特刊，出口處發售

又靜思又內省，這跟我所知道的燭光晚會，差別也太大了吧。

勉強找個比喻，我只想起那些萬人學呼吸或者千人學飲水的活動，不過說到架勢，這個靜思晚會規模大了不知多少倍。

經過公廁時，總算聽到一點人聲和水聲，聲稱尿急的小子，過門不入，直往出口處走去。踏出維園，世界又回復喧嘩，幾個年輕男女邊走邊鬧著玩，經過擺賣紀念品的攤檔時，卻立時恭敬起來，對著小攤子合起掌來。

小子看見了，明明已經往大街方向走，又折返來看這檔口。

檔口很簡陋，不過是兩三張桌子，擺放書、畫冊和影碟等東西，旁邊一個易拉架，上面一幅真人原大的相片，一個圓臉的胖女孩在微笑。

我立刻明白了，小安演的角色，正是她。

小子裝模作樣地在翻書，電光火石間，我瞥見一個標題，「深切懷念——少女領袖逝世九周年特刊」。

書翻過了，掌合過了，他橫過馬路，往電車路方向開步。好小子，尿還沒撒，轉身走入了便利店。

我在外面找個暗角，默唸三句咒語。

便利店沒多少顧客，小子站在微波爐旁邊，隔著門，一臉期盼地看在轉盤上的一盒魚蛋。

手機響鬧第二次響起，小子急忙轉身，抬頭望向我時，嚇了一跳。

「爸爸，我，我，我去完廁所肚餓，我……」

解釋就是掩飾，都被斷正了，不如正大光明認了算，何必怕到臉色發青？

「沒事，又沒有人怪你。」

他訝然，定睛看著我：「不，爸爸一定會罵我的。」他起疑了：「你不是爸爸，你是誰？」

「你猜猜看。」

「爸爸是獨生子，你不可能是他弟弟。」

「不是，我不是你叔叔。」

「表弟？」

我搖頭，想起我不但無兄弟，連表兄弟姐妹都沒一個，正宗九代單傳，死了陳家想不絕後，就只靠眼前這個小子了。

「你叫甚麼名字？」我們同一時間喊出這個問題。

「你先說。」我拖得一時是一時，雖然按劇情發展，他早晚會知道我就是他親爹。

「你先說。」看來，他也不好騙。

「我叫陳元。」說就說吧。

「陳元？我爸是陳元。」

「我是陳元，我是你爸。」

我倆對視，同時對峙。

「輪到你說，你叫甚麼名字？」

「你是我爸，你怎會不知道我叫甚麼？」

「我來自 2014 年，那時你連精子都不是。」

他仔細打量我。

「你用隨意門回來的？」

「你也有看叮噹嗎？啊，不對，你有看多啦Ａ夢嗎？」

他點頭。

「我也不知我怎樣來的。有一晚，我跟我阿媽去蛇宴，抽到頭獎，獎品是時光旅行，就是這麼簡單。」我心念一動：「你見過嫲嫲沒有？」

他搖頭。

「你叫甚麼名字？」

「陳坤。」

陳坤？誰開這種玩笑?哪個傻瓜幫他起的名字？

「你幾歲？」

「九歲。」

時間不多了，實在不能繼續破冰了，我要單刀直入。

「你有甚麼願望？」

陳坤瞪大眼睛看我，好小子，長相清秀，跟珊珊餅印一樣，長大了，怕會瘋魔萬千少女。

「你可以幫我達成願望嗎？」

「一定可以，你快說。」

「你可以令爸爸開心一點嗎？」

我呆了，我以為他會說，可以買高達模型的復刻版嗎？可以買對新球鞋嗎？幾難得有人假冒生神仙，無比豪氣地叫你許一個願，孩子首先想到的，竟然是他那黑口黑面的父親。

　　我說不出話。

　　「媽媽說，爸爸不開心，因為懷才不遇。你可以令他不再懷才不遇嗎？」

　　「你放心，他會好起來的。你自己呢，你有甚麼願望？」

　　「他真的會好起來嗎？」

　　我點點頭，看看錶，時間不多了，你有話快說。

　　陳坤像鼓起了最大的勇氣，說：「我想爸爸答應我，將來讓我到東京的時間工程學院留學。」

　　東京時間工程學院？那是甚麼東東？

　　「他們有一個學徒計劃，導師是多啦A夢先生，每年在全球招收十個學生，修讀為期十年的時間工程雙學位課程。」

　　「你爸很開明，你到時跟他直接說就行了。」

　　無論如何，我斷不會是蠻不講理的父親吧。

　　陳坤垂下眼，無奈地說：「我說過了，爸說，命裡有時終須有，他覺得搞時間工程，即是破壞時空秩序，他說這是不道德的。」

　　我又呆了，陳元一定被張君洗了腦，連兒子的志願都要管了。

　　「我不明白，不道德是甚麼意思，爸爸就舉例說，那些忘記了前人如何為我們爭取自由的人，一天到晚只顧自己吃喝玩樂，就是不

道德。」

太過分了，怎可能作出這樣不倫不類的比喻？這小孩才多大年紀，哪懂得這麼多？

「每年爸爸都帶我來靜思晚會，他說，紀念一個人，不是為了那個人，是為了他代表的想法和信念。」

「這女孩是甚麼回事？」時間真的不多，但想到十多年後我會為她拍一齣電影，實在很難不好奇。

陳坤搖搖頭，說：「我不清楚，爸說，她活得不長，但她懂得唯有先改變觀念，世界才有希望改變。」說到這裡，他又垂下了眼，幽幽地說：「爸說，人心若不變，可以穿梭過去未來又如何？他對時間工程有偏見。」

我心頭一熱，拍一下胸膛，說：「好，我答應你，我現在就去跟他說。」

我衝出便利店，往維園跑去，越過滿街嘻哈尋樂的人群時，褲袋的手機，傳來第三次響鬧鈴聲。

時間到了。

盯著他看時，那種似曾相識，卻像有更久遠的淵源，
時空錯置，時空壓縮，時空紊亂，一句到尾，上帝也瘋狂。

我為了解開謎團，不得不親自去一趟 2030 年，
這樣一去，又順理成章為我們在 2031 年的相遇埋下伏線⋯⋯
2030 和 2031，何者先何者後，真是越是去想更是凌亂。
我不知這算是時空錯置，抑或時空錯摸。

13

最好的時光

從 2030 年 6 月 4 日旅行回來後，我病了。

那天離開廟街時，頭痛欲裂，心口有塊大石，呼吸不順，情緒低落。我不想說話，只揮了揮衣袖，沒看高瘦男一眼就走了。

忘了怎樣回的家，待我再有意識時，我在自己的床上，張開眼，首先映入眼簾的，仍然是那片惹人厭煩的水跡。窗簾拉得緊緊，也不知外頭是日是夜，我閉上眼，人立即到了銅鑼灣，我在街上沒命的跑，跑過糖街的旋轉天橋時，滿天星斗，我又昏睡過去。

我做了一個夢。拍戲現場，小安重複唸著一樣的對白：「觀念改變世界，革命由心出發。」反反覆覆都唸不好，她語氣平淡，沒有感情，聽的人不會相信觀念真的能改變世界，反益發覺得那是犬儒的人在自我安慰。我在一旁，聽得很煩，逼問小安：「觀念怎樣改變世界？為甚麼要改變世界？由它爛透算了，革命革命，先革掉的，都是無辜老百姓的命。」小安怯怯地看著我，不敢作聲，我氣急敗壞，滿頭大汗，小安說：「劇本是你寫的。」我啞了，圓臉的胖女孩忽然出現，微笑道：「話是我說的，信的人是你，觀念已經改變了你。」

我猛然一驚，醒了，全身濕透，渾身是汗。

四肢乏力，身體虛弱，迷糊間，想起陳坤九歲，胖女孩死了九年，2030 減 9，那是 2021 年的事，當時的我在做甚麼？胖女孩為何早逝？十年後，我為何會為她立傳？她是誰？我是誰？心裡一個念頭若隱若現，還有最後一次時光旅行，我要不要索性選擇 2021 年，

一次過解答所有問題？

　　沒氣力細想，我又沉沉睡去。

　　門鈴斷斷續續，響了停，停了響，慢慢變成奇特的節拍，奏起一首充滿焦慮感的樂曲，後來又加入了拍打木門的敲擊部分，我不由自主地用食指在床上拍和。

　　以為人在夢內，側耳一聽，門外傳來家盈的聲音。

　　下床，短短幾步路，居然可以用「舉步維艱」形容。我跌跌撞撞，連扭開門鎖都覺得費勁，接著就是眼前一黑。

　　悠悠醒來時，首先看見晨光第一線，窗簾拉開了，外面是無敵樓景，樓外有樓，一隻全身烏亮的鳥在窗前飛過，鴉鴉一聲，好像在說：「咩呀，石屎森林唔係森林呀？」

　　我被自己逗樂了，笑了出來。

　　「啊，你醒了？」

　　冷不防在自己家裡聽到大叔的聲音，雖說是熟人，我還是本能地大叫了一聲。

　　他坐在床的另一端，大腿上有本雜誌，旁邊又散落了幾本，都是那些七成老作三成老吹的週刊，看樣子，他已經在這裡待了不短的時間。

　　「那天你走的時候，氣色很差，血虛卻又肝火盛，我怕你要大病一場，隔了兩天見你音訊全無，前晚過來看看你，拍門拍了好久，差點想報警。」

這麼說，我起碼大昏迷了四天——怪不得現在鬼打無咁精神。

「但我那天明明聽到家盈的聲音……」

「你是說常鶯——」話未完，他硬生生食了個字，乍聽還以為他想說「常auntie」。

「你是說常小姐嗎？她打了好幾次電話來，我起初不敢接，後來想，搞不好她以為你失蹤就不好，所以昨天還是跟她聊了一會。」

聊了一會？

「我告訴她，你要北上開一個緊急工作會議，忘了帶電話。」

「那你怎樣解釋電話在你哪兒？」我最怕講大話，講了第一個，就要講第二個。

「她沒問啊，她叫我告訴你，有朋友買到去東京的特平機票，昨晚出發了。」

我心一沉。

「還有誰打過電話來？」

「還有一位曾先生，一位張先生，沒有了。」

我坐起身。「你緊張甚麼，你明知我命不該絕未死得。」

高瘦男一臉不以為然，說：「那做人又不光是為了生存，你發燒燒壞腦，死不去，手尾更長。」

睡了這麼久，肚空空無一物，餓死就手尾長。家裡除了即食麵，甚麼也沒有，但一想到那包味精粉的味道，立時倒了胃口。

「我煲了粥，先來一碗吧。」離開白色公寓，他就喪失偷聽我心

底話的能力，一定是我肚裡發出的隆隆聲，令他醒起他熬的粥。

　　洗了把臉，從廁所出來時，書桌飯桌麻雀桌三位一體的桌面上，已經放了兩碗粥，另加兩小碟，一碟是花生，一碟是鹹菜，打冷一樣。

　　招呼周到，搞到我以為我是作客那位。吃第一口粥，粥底細而綿，腐竹近乎化掉，還吃到一顆白果，我有點反應不來。味道好不好是其次，但那是我家的「祖傳」味道。

　　「你跟我媽煲的一樣。」

　　「我跟我爸學的，味道還不錯吧？」

　　這是我童年的味道。小時候身體很差，隔天就病，病了就不能上學，整天窩在家裡，早午晚三餐都吃粥。粥和粥之間，無事可幹就看書，小學未畢業就看完整套金庸，還有衛斯理，現在所以認得幾個字，全靠童年體弱多病。

　　想起衛斯理，他會怎樣解釋我經歷的時光旅行？其他人我不敢說，他斷不會說：少年你玩太多 MMORPG 了，《時空穿梭機》只是一場遊戲，你不要當真，認真就輸了。

　　我邊吃粥邊瞎想，幾乎忘了高瘦男的存在。

　　「你今天精神好多了，可以帶我到處走走嗎？」

　　我乾掉第四碗粥時，他終於開聲了。

　　「想到哪裡？」

　　「無所謂，聽你的，反正我很多地方都沒去過。」

「譬如……海洋公園？」

話一出口我就後悔了，我說笑而已，你千萬不要說好呀，我二十四歲生日，貪免費入場去過海洋公園，九年來想也沒想過要再去。

高瘦男卻很雀躍：「海洋公園我去過！我記得小時候有人發起了一個保育海洋公園的社會運動，我爸本來不願意玩這些的，念在它快將消失，勉為其難帶我去了，結果我們玩得挺開心的。」

「有個問題想問你很久了，你到底是哪年代的人？」

「你知道的。」

我怎麼會知道。

「你那次不是說了嗎，我是來自未來的人。」

「未來咁長，你玩晒呀？」

高瘦男一臉疑惑，問：「未來咁長是甚麼意思？」

「你唔識廣東話咩你？」

他苦笑道：「未來要保育的東西太多了，廣東話也是其中一項。」

我心一驚：「保育成功了嗎？」

「語言的生命力比所有政權都頑強，廣東話平安過渡了，但某些說法可能失傳了，我一時聽不懂吧。」

「那還有甚麼失傳了？」我興趣來了。

「抱歉，因為已經失傳了，我連失傳了的是甚麼也不知道。」他頓了一頓，續說：「我爸以前常常抱怨，無論如何再找不到好吃的魚

蛋河了，或許這也算是一種失傳吧。」

「你爸真會吃，魚蛋河是我最愛。不要說你那個年代，現在想吃上好的，一樣難過登天。」

他嘆口氣，說：「我好像總是跟最好的年代擦身而過。」

是的，我們都是《midnight in paris》裡尋尋覓覓的小角色，奢望自己生於美好的大時代，隔離[1]飯香，一如逝去的日子，本來平平無奇，一朝隨風而逝變成昨天昨年，假以時日就自動升呢變成good old days。

「感慨甚麼？我帶你去吃你老爸吃不到的魚蛋河。」

我淋了一個熱到發燙的滾水浴，換了一身乾淨衣服，刮了雜草一樣的鬍子，照一照鏡，英型帥注定無我份，好歹似番個人。

在往地鐵站的路上，高瘦男看到甚麼都覺得驚奇。經過高登時，他堅持入內「朝聖」。「這是我們唸工程的人的殿堂，我讀過很多前輩的自傳，不約而同提及這砌機勝地。」

對我來說，高登是一個地點，對他就變成一個景點。由他吧，將心比己，他何嘗不是在時光旅行？

「你唸甚麼工程？」我們漫無目的地在店與店穿梭，兩個大男人逛高登，畫面要幾毒有幾毒，我有點受不了，沒話找話。

「時間工程。」他正彎下腰看一個小東西，沒留意我的驚訝。陳坤說，他長大後想到東京讀時間工程。

「那是讀甚麼的？」

高瘦男拿著那小東西愛不釋手，沒回我話。

「你喜歡就買吧，我送你。」為了儘快離開這「景點」，我豪爽起來。

他搖頭，放下那小東西，說：「你忘了嗎？我們不能帶走任何不屬於原來時空的東西。」

「為甚麼不？這些東西到了未來，就變成老古董，它又不能改變甚麼。」

「不是這麼簡單的，時間工程要處理很多道德倫理的問題。」

我們在人多擠迫的地鐵車廂裡繼續聊，旁邊在滑手機的人聽在耳裡，大概認定我們是瘋子吧。

「對大部分人來說，時間是線性的，時光旅行改變了這個慣性，我們絕不能進一步打亂事情本身的規律。不帶走不屬於自己時空的東西，是最最最基本的旅行操守。」

他連說了三個「最」字，似乎暗示我建議買個小東西是大錯特錯，這令我有點不爽了。

「既然那麼在乎，一開始就不要搞，開了頭就不要假惺惺。」

「但這是科學發展的必然進程，三度空間之後，自然是四度空間和五度空間，科學家想窮盡對時間和空間的了解，這是無法避免的。」

我火大起來，忍不住提高了聲線：「科學家求知就無可避免，其他人就有義務守住道德底線嗎？」

---

[1] 隔離，隔壁的意思。

滑手機的男人抬起頭看了我倆一眼。

我沉住氣,飛快看看有沒有人用手機拍下我們的對話。萬一被拍下放上網,只要加一個無厘頭標題,「超時空癲佬地鐵開拖[1]」,咁就一世。高瘦男沒有這心理包袱,回話時也提高了聲線:「你真的要這樣劃分科學家和普通人嗎?」男人又看了我們一眼,大叔的聲音,帥哥的造型,無須惡搞已贏九條街,用他來賺取點擊率,最實惠。

我別過了臉,列車到金鐘前,我沒再說話。

轉車時,在急步奔往對面月台的人群中,我看到一張有點熟悉的臉孔。二十多歲的年輕女子,懶理身邊的人衝呀衝,神清氣爽,好一副散步的姿態。

一時間我想不起她是誰,想走近一點,前面卻不斷有拖著行李箱的人穿插。我邊搜索記憶邊盡力靠近,快走到往柴灣方向的月台時,我腦裡的燈泡亮了。

珊珊。

按照本來的人生劇本,我們兩年後才會遇上,再過些時日,她會成為我妻。

我妻。這念頭一閃而過,但毫無疑問,我嘴角動了一下,嘴角含春,應該就是這個樣子。幾乎是同時,穿著碎花裙,拿著一包麥精在趕上班的家盈,不請自來,在我腦裡跳出來,質問我:「你變心了?」

在我心一熱一冷間,地鐵來了,珊珊在我兩步之遙。如果這時

我伸出手拉著她，我就提前了我們的相見，命運之輪亦不得不轉變原來的方向。家盈嫁不了富三代，以後的日子或許會平順一點，至於我們仨之後怎樣，當下先別管。

地鐵門打開，珊珊入內，我快步上前時，衫尾給拉住了。

回身一看，高瘦男搖搖頭，示意我不要追上去。我揮開他，再回身，門關上，珊珊站在門邊，面向門。

隔著車門，她看著我，我看著她。

地鐵不壞車時，效率真的很高。我們對望不到兩秒，列車往灣仔開走了。

即使知道我們終會相遇，這一刻，我仍是按不下從心底泛起，然後擴散的失落。

我要遷怒他人，高瘦男首當其衝。

「拉拉拉拉，你拉著我幹甚麼？」

「我也不知道，大概是一種……一種……本能？」

我氣在心頭，聽到這屁話，更按捺不住了：「甚麼本能？你分明是多事！咦，不對，你怎知道我剛才想幹甚麼？」

他說的，他們不會監控旅客的時光旅行細節，他怎知道那是珊珊，就算他知道，又怎估計到我的心意？連我都不知道自己的心意。

「我不是跟你說了，時間工程師很在意時空道德和倫理，我們發明了新科技，最不想見到成果被誤用，原子彈的故事你知道吧，我們誰也不想成為 oppenheimer。」

[1] 開拖，打架的意思。

我知道 oppenheimer，《 v 煞 》裡有段對白，v 終於找到仇家，她說：" oppenheimer was able to change more than the course of a war. he changed the entire course of human history. is it wrong to hold on to that kind of hope? "

人家發明的是原子彈，爆一個就殺無數人，我不過是提早兩年跟我未來老婆打個招呼，會不會因而改變到整體人類的命運呀大佬？

車來了，高瘦男和我擠進去，因為各有各的心事，一路沉默。

車程長，到筲箕灣時，乘客不多了，下車時，高瘦男先開口了：「其實你明白的，你也會反對某些人有權力去改寫歷史，更不會贊同某些人可以預設未來。」

我不得不點點頭。野心家所以稱得上野心家，因為他們由得自己的心在無邊無際的曠野浪遊，這些人可以穿梭時空，一定死得人多。

重新開始對話，氣氛就緩和了，我越想越明白高瘦男這幫人的苦心，居然有點敬佩起他來。

「如果剛才你不在，我還是提前認識了珊珊，那會怎樣？」

「我也不知道。」高瘦男看起來很苦惱：「我們還在研究，之前不是沒有發生過案例，但往後總會出現很多巧合事件，令事情往原來的方向發展，最終出現相類似的結局。」

「即是說，真的有命運這回事？如果是這樣，我拉不住珊珊是命運，拉得住也是命運，那豈不是做又三十六，不做又三十六？做人

有甚麼好玩？」

「三十六？甚麼三十六？」高瘦男聽不懂，對他來說，這些又是古語吧。

「算了，那不重要。我的意思是，命運已經寫好了，那我們算甚麼？把所有情節做一次的演員？那誰決定誰是大茄誰是主角？哎呀，想想都覺得沒趣。」

我真的覺得這樣太沒趣了，即使眼前是我最愛的片頭蛋河，即使配上冰凍忌廉汽水，想到連這一頓都是預先安排好的劇情，我胃口沒了。

高瘦男倒是吃得津津有味。「嘩，這粉很白很細很軟，太好吃了。」

我還是下不了箸。他側頭看看我：「怎麼了？」

「你不覺得被命運擺佈很慘麼？」

「老實跟你說，事情真的沒有你想得那麼簡單。命運不是 a 引起 b 那麼直接的，我們的生命本來就互相連結，你的故事中有我，我的又有他，他的有她，那怕只是其中一個小節給改變了，也可能出現很大的變化，你不能只顧看著自己的人生。」

他喝著冰鎮奶茶，舉手多叫了一份鮮油奶多[1]。這傢伙，還真能吃。

「本來我不應該跟你說太多，但反正旅行的優惠也快來到終結，之後你就會忘掉這一切，那破例也沒關係吧。」他像在自言自語。

---

[1] 多，多士的簡稱，即吐司。

「我們最近的研究發現，不管我們多努力維持事情本來的樣子，某些人經過時光旅行後，情感豐富了，無形中改變了他們的性情和處事方式，你說這對他們往後的人生發展有沒有影響，我相信一定有，但那些影響很微妙，未必足以大到改變往後會發生的事，如果你單單看事件，還真的不會留意到。」

我吃了一口河粉，想起了這幾天我流過的眼淚。

「拿你做例子，我們發現你的大腦記憶體對虛構的電影情節特別敏感，你以後去了拍電影，或許就是因為這趟旅行開啟了你不知道的向度。」

天啊，他們到底是如何知道我腦裡的活動？

「最近有人在《時空》學刊發表了一篇論文，提出一個大膽假設，就是時空除了有不同向度，甚至有不同的組合，同一個你，沒有遇見我的話，正在另一個組合的時空生活。」

「這不就是九把刀說的平行時空？」

「平行時空？這名字不錯，不過複雜的地方是，平行的不是兩個，可能是無限個。」

「那我呢？難道也有無限個？」

他咬了一口多士，一臉滿足，說：「你不如先問，『我』是甚麼？」

大病初癒，實在承載不了那麼多玄妙的問題。

「那你呢，你是甚麼？」

高瘦男嘆了一口氣：「我？一個入錯行但又悔之已晚的老頭。」

「有幾老？」

高瘦男看一下四周，低聲說：「今年快六十五了，做完這個旅程，我正式退休了。」

我仔細看他，外表看來，絕不會超過三十五。

「時間工程是尖端科技嘛，我們有點特權，可以選自己最喜歡的年紀的樣子旅行，也不過分吧。聲帶換不了，這是唯一的破綻。」

「工作挺不錯，為甚麼抱怨入錯行？」

他嘆口氣：「小時候就很想考上時間工程，目的很單純，就是想辦法幫人回到過去，懷緬一些已經逝去的時光。那時真的很天真，覺得這科技會幫到很多老人家，令他們過上愉快的老年。長大了，想得更偉大，希望讓人回到過去，重新體會一下別人為這個世界付出過的努力，譬如說，觀念改變世界那場運動，雖然成功了，後來還是被淡忘，我那時想，能夠回到那些時光，會讓人多點感恩的心。沒想到的是，科技日漸成熟了，大部分人想去的都是未來，我們總覺得，最好的時光在未來。」

回程的路上，他像關不上的收音機，談了更多自己的研究，我雖十居其九聽不懂，但對他的認識，無疑加深了。這個比我老的人，嗯，心地非常善良。

他在油麻地快下車時，我想起認識了他好些時候了，竟然沒問過他的名字，趕在開門前問他：「其實該怎樣稱呼你？」

他笑了，邊踏出車廂邊說：「不就是高瘦男嗎？」

車門要關上時，他回頭，說：「我叫陳坤。」

時空除了有不同向度，甚至有不同的組合，
同一個你，沒有遇見我的話，正在另一個組合的時空生活。
平行時空？這名字不錯，
不過複雜的地方是，平行的不是兩個，可能是無限個。
那我呢？難道也有無限個？
你不如先問，「我」是甚麼？

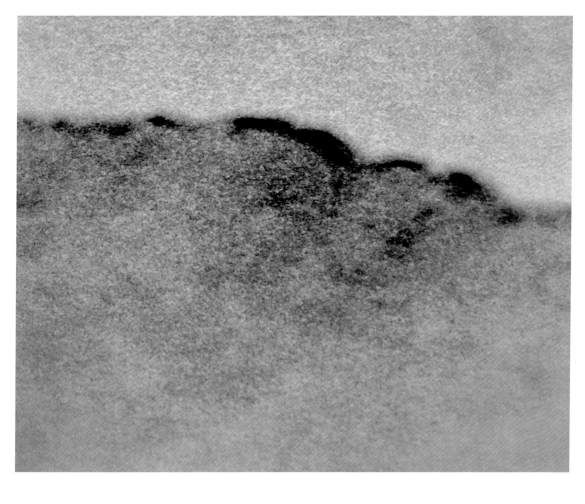

14

人生荒野

門關上，隔著貼了廣告的車門玻璃，高瘦男給了我一個溫暖的微笑。

我卻感到自己一頭栽進了急凍冰箱。

陳坤，時間工程師，實際年齡六十五歲，屈指一算，生於2021年的他，來自2086年。六十五年前，幫他改名，幫他拿出世紙，定時定候餵奶，供書教學，眠乾睡濕把他養到牛龜咁大的那個茂利，叫陳元。

以前看過一齣戲，叫《新難兄難弟》，梁朝偉和梁家輝做的，內容已經忘得七七八八，淨是記得看完後偷偷擦眼淚。列車開行，陳坤消失在視線範圍。

我沒來由的想起這電影，又自動眼濕濕，光天化日，差點在地鐵車廂流馬尿[1]。我毫不費勁想像自己變了梁朝偉，穿越時空跟不咬弦的老竇相遇，啊，不對，按目前劇情發展，我應該是做老竇的梁家輝。小生行年三十三，尚未娶妻，一個唔該竟然有個花甲兒子，真是離奇過小說。

車駛進旺角站月台，門未開，外面一群喼神[2]蓄勢待發，金睛火眼望進車廂，妄想還可佔領一兩個座位。這些人，爭分奪秒，關於時間，他們懂個屁。哪像我，不知交了甚麼好運，忽然被拋進時間的長河，甚麼叫悠久，甚麼叫短暫，我都不敢再說我清楚明白。我唯一清楚明白的是，此情此境，我實在不想跟這幫人擠在一起。

三分鐘後，我在另一個月台，登上開往油麻地的列車。車廂內

寥寥數人，有點冷清，正合我這刻的心情。我剛剛跟失散多年的兒子相認——不對，我和他是初遇，半點感情基礎也沒有，我信我們可以通過滴血認親，但他在我迄今為止的生命中，連白紙也不是，他是甚麼？對現在的我有甚麼意義？他為甚麼要來找我？他認識的我，跟現在的我有沒有兩樣？我是怎樣的爸爸？我們感情好嗎？他老媽和我呢？有沒有白頭到老？他都六十五了，一定知道我甚麼時候死吧？難為他在我第一次時光旅行時，哼也沒哼一聲。他知道的我，一定比我知道的我多。

我腦裡亂作一團，只想立刻抓著他問個究竟。我在廟街跑起來，還未到時光旅行基地，已經見到他在樓下等我。

「樓上不方便說話，我們去喝點甚麼吧。」他不等我開口，亦沒等我回答，摟著我肩開步走了。

平時我最憎人攬我，兩個麻甩佬[3]摟著走，多謝夾盛惠，十萬個唔該唔好。

但我不忍心推開他，如果這段路需要一首背景音樂，只能插播的是《單車》。

　　難離難捨，想抱緊些，茫茫人生好像荒野
　　如孩兒能伏於爸爸的肩膊，誰要下車

　　茫茫人生好像荒野——天呀，我又鼻酸了，我想起我阿爸，我

---

[1] 流馬尿，流淚的意思。

[2] 喼神，指在香港鬧市拉著行李箱購物的內地自由行遊客。

[3] 麻甩佬，即臭男人。

已忘了最後一次和他在荒野肩並肩的情景。

路上，我們誰也不說話，在美都冰室門前，他終於鬆開了手。

「我小時候常跟你來這裡。」陳坤眼紅紅，聲音有點顫抖。

我不是不記得，我是徹頭徹尾不知道。

「你每次都說，地點沒變，裝潢沒變，即使其他一切都變了，在這兒坐上一會，心情就踏實。」

天地良心，我以前從不喜歡來美都。

「你說，年輕時不懂得老店的好，錯過了太多美好的東西，虛度了太多美好的時光。」

我叫了一杯凍華田，由得陳坤繼續他的深情獨白。

「小時候，最開心就是跟你來這裡吃下午茶，你會說很多故事給我聽，我起初以為都是真的，後來才知道，有些是電影橋段，有些是你即興作出來的。」

他喝了一口熱奶茶，眼神有點飄忽，像卡通片裡那些懷念往年的主角，眼角依稀滲出了淚。

「我最記得你臨終時說，你一世人最開心的日子，在三十出頭那些年。我把你這句遺言當真了，退休前無論如何想來看一看。」

「三十出頭最開心？我真的這麼說？」

他無奈點點頭，說：「就是啊，古語有云，人之將死，其言也善，斷氣前的話，不大可能是假話吧。」

但看我現在這副德性，又很難相信這是真話。

「自己親自來一趟，反而想不透了。唯一的解釋是，年輕總是美好的，我們習慣把人生某個階段的回憶美化了。」

我同意他的分析，卻硬是覺得不爽。

「聽你這麼說，你覺得我現在生活很差吧？」

他低頭吃錦滷雲吞，咬在嘴裡，卡嚓一聲，沒回話。

撫心自問，我也說不上甚麼生活是好，甚麼生活是壞。前一段日子無工開，一天到晚掃著臉書，看別人上載吃喝玩樂的照片，誰不在過好日子？當然也不缺整天在罵街的人，可錯的永遠是別人，他們站在道德高地，看破紅塵，何似在人間。看了這麼多，卻愈發覺得世界不真實，像那個天天罵電視台不知所謂的肥鏗，每天一回家，鞋也未脫，第一件事就是開電視。這樣的生活是好是壞我說不上，只覺得很累，沒勁，好像甚麼也見過試過吃過，沒有甚麼值得期待。有時難得看看新聞，同樣的問題，生生世世，循環不息，永遠未解決，不解釋，很是疲累。

這就是我一生人最懷念的幾年？這會不會太悲慘了？

「我收尾幾年很潦倒嗎？」

他搖搖頭，嘴角沾了酸甜汁：「你沒看到嗎？你五十歲後，名成利就。」

「那個女孩是甚麼回事？她為何死掉？我為何會以她為題材拍電影？」

他放下筷子，擦了擦嘴，一本正經向我說：「知道這些重要嗎？」

我啞然。這麼多人求神問卜，無非想知道未來如何，但知道這些真的重要嗎？

　　「爸爸，你知道的，我真的不能透露太多，反正要來的總會來，而我們時間已不多。這次我沒有向公司申報我們的關係，已經違反了專業守則，公司真要追究的話，可以不給我退休金。」

　　大叔叫我做爸，沒錯是有點難受，但現在我更關心他的退休金。

　　「那天喝醉了，公司很不滿意，加強了對我的監管，最終發現了我們是父子。」

　　陳坤慢條斯理，又呷了一口奶茶，良久，不說話。

　　「結果怎麼了？」

　　他低下頭，猶疑該不該說。

　　「快說給爸爸聽！」話一出口，連我自己都受不了，想吐。

　　「上次故障後，公司對我作了紀律聆訊，說一定要查明真相。結果⋯⋯結果⋯⋯」他嘆一口氣，續道：「他們知道我的癌症已到了末期，決定給我一個人情，不追究。」

　　我腦裡轟了一聲，這就是所謂的晴天霹靂吧。

　　「這公司其實很不錯的，不但不追究，還答應讓我跟你去最後一趟時光旅行。」

　　陳坤看著我，又展現了那個溫暖的微笑。

　　「你還有一張優惠券，你願意帶上我嗎？」

　　人之將死，我怎好意思說不？何況他還是我親生仔⋯⋯

「你想去哪一天？」我以問題代替回答。

好吧，我承認我本來想去 2021 年，為的是解開 2030 年和 2031 年未解的謎團，如今情勢急劇轉變，旅行多了個伴，我覺得有義務徵詢一下他的意見。

陳坤聳聳肩，說：「我們跟一般旅客不同，旅客只能到他們在生的時空旅行，時間工程師卻鐵定不能出現在自己在生的時空，這也是出於倫理上的考慮。爸爸，時空旅行是很珍貴的經驗，你別管是否能帶上我，你想去哪天就哪天。能夠跟你在這裡再喝一回茶，我再沒有遺憾。」

他的笑容，讓我想起我爸。我和他，有遺憾嗎？

這些人，爭分奪秒，關於時間，他們懂個屁。
哪像我，不知交了甚麼好運，
忽然被拋進時間的長河，甚麼叫悠久，甚麼叫短暫，
我都不敢再說我清楚明白。

時間的座標如此浮動，
我像暈船浪，搖搖晃晃，茫茫人生，好像荒野。

15
1988

躺在床上，眼光光，我又無心睡眠。

前後才不過十天，好像一個世紀那麼長。吃了一頓蛇宴，抽到一個頭獎，傻更更穿越時空去了未來。零零碎碎，浮光掠影，坐過自己的灰，見過女朋友嫁掉，以為霉足一世，結果竟然又被張君算中，五十歲後漸入佳境，當了導演，摘下大獎。老婆有氣質，舊情人有義，還養大一個仔，唔講得笑，他是專業人士，貴為時間工程師，巴閉[1]到臨死前可以回到過去看望他未發跡的老爸。

單看牌面，我陳元對得起社會有餘吧。

但我心囉囉攣，半點睡意都沒有。

為了甚麼呢？為了藥石無靈的獨生子？閉上眼，想著高瘦男的樣子，不是賣花讚花，小弟基因也算不俗，他不開口說話時，跟吳彥祖有三分像，另外七分，像我，眉宇間帶點憂鬱，眼神溫柔得來堅定，好似係。

我早該想到，抽中頭獎這樣的好運不屬於我，開始時我也懷疑過這是一個騙局，只是沒想到這個局由素未謀面的兒子安排。兒子，我有一個兒子，第一次見時十歲，第二次見變了九歲，第三次見，嘩，六十五歲，時間的座標如此浮動，我像暈船浪，搖搖晃晃，茫茫人生，好像荒野。

睜開眼，瞪著天花板，一想到我們每一個人稍縱即逝的生命，那片水跡在或不在，算得了甚麼？陳坤既然自揭底牌，一定是時日無多，兒子行將入木，你問我傷感不傷感？老實我真的說不上我有

---

[1] 巴閉，成就輝煌而顯赫的意思，另一意思帶有貶義，指囂張而不可一世。

甚麼感覺，人誰無死，對六十五歲的他來說，我也是作古的人了，搞不好是他親手按鍵化我成灰的，今天對著年輕健康的爸爸，他說得清那是甚麼感覺嗎？

他說，他想看看他爸人生最開心的日子。給他看到了，我游手好閒，有一日過一日，對未來沒有期待，夠寫意，夠開心吧？

想到這裡，不知哪來的恨意，我大力拍了床一下，蜷縮起身子，鼻一酸，眼濕了，然後，泣不成聲。

醒來時，渾身酸痛，蒙著被子大哭了半夜，心情倒輕鬆了。

起身，床尾放了幾本雜誌，那是陳坤留下的。其中一本的封面人物就是當紅的陳坤。

奇怪，像我這種為了裝酷，等閒不會談論娛樂新聞的人，為甚麼會為兒子起這樣的名字？

雜誌堆中混進了一本3R相簿。這種款式的相簿，現在很難再見了，我們一天到晚拍這拍那，拍完也不整理，一換電話和電腦，記憶就灰飛煙滅，那像我爸，拍完一卷菲林，珍而重之的拿去沖曬，回來存放得整整齊齊。這本相簿，看一眼，思緒立刻回到那個年代，爸爸坐在飯桌邊，為每一幅照片寫說明，神情嚴肅，彷彿在做甚麼神聖的事。

打開相簿，第一張就是我們一家三口的全家福，抽出照片翻到背後，爸爸的字看來有點稚氣：1988年2月14日，太平館，賠罪西餐。

1988年2月，我六歲。相中的我像一團飯，呆呆地看著阿爸，

他手上拿著一支紅玫瑰，硬塞給笑到見牙唔見眼的阿媽。

這個畫面很熟悉，我記得。那天爸說要帶我們去吃西餐，還逼我梳了一個西裝頭，穿了一件花恤衫，當時年紀雖小，已經懂得對花哩花碌的衣服說不，出發前大吵大鬧，誓死不從。結果？有相為證。但說到賠罪，恐怕與小的無關，爸犯了甚麼事搞到要賠罪？

數數手指，足足是四分一世紀之前的事。

陳坤不知在哪裡翻到這相簿，連我也忘了它的存在。老爸死後，我以為媽保存了他所有遺物。

爸爸，好久不見了。

思親的念頭一旦浮起，如影隨形，再按不回去了。

爬樓梯上白色公寓，腳步有點沉重。最後一次時光旅行了，無論選擇去哪一天，一定還有很多不知道的事，但旅程終究會終結，未來未來，要來的始終會來，想一次過解開每一個謎團，實在不可能，亦不必要。知道前面的日子伏了會起，低潮過後會走出新路，夠了。

反倒是過去，生米已成熟飯，當年不管為了甚麼心大心細，患得患失，時間作為良藥，早把謎團一一解開了。回去，不為未卜先知，更多是一種懷念，一種眷戀，這是陳坤鑽研時間工程的初衷，他爸的死抱原則，不予諒解，而我終於有點懂了。

樓梯未爬完，門自動打開了，一室白得光亮，陳坤默默站在打字機旁，像一幅畫。

我用力記下這一瞬，我有預感，這些天經歷的，過後將不留半點痕跡。

　　「爸爸，歡迎你來最後一次的時光旅行，日期準備好了嗎？」我是他爸，雖然事不離實，我依然打了一個突。

　　「1988年2月13日。」

　　陳坤臉上浮起了一絲微笑。

　　「對不起，我昨天沒有放好相簿。」

　　「算吧，要不是你，我都忘了那頓飯了。」

　　「但我記得那是1988年2月14日？」

　　對。

　　「那為甚麼不去正日？」

　　你跟我去一趟不就知道了。

　　陳坤應該是一個聽話好教的孩子，叫他去東不會去西，斷估不是一條頂心杉。他坐到打字機前，轉動了一下那張打上了幾個日期的紙，正要打字，又停住了：「1988年我未出生，那你是同意讓我跟你去嗎？」

　　看來他不只乖，直情是笨。

　　「謝謝爸爸，我只想再確實一遍而已，畢竟，你本來想去的是2021年。」

　　我深呼吸，想起那個宣揚「觀念改變世界」的少女，她2021年死，陳坤同年出生，我要是選擇去2021年，陳坤便不能同行。

「爸爸，你這麼為我，我很感動。」我的心聲，他一字不漏聽得一清二楚，幸好只發生在這室內，如果親生仔一天到晚都聽見老爸心底話，肯定大家都會短幾年命。

「話說回來，你說一般旅客只能去自己在生的時空，你們卻剛好相反，那是甚麼道理？」

問這問題時，天花板一角，紅光在閃爍。

「道理很簡單，就是不給我們任何改變事件軌跡的機會。我說過，我們有很嚴格的守則，裡頭有很多技術細節，抱歉我不能多說了。」

紅光消失，陳坤眼尾也不抬一下，歡天喜地的打起字來，thirteenth of february，1988。

一道白光把我抱起，一陣暖流注入，本來酸痛不已的四肢，舒坦了，接下來是從未有過的輕快感覺，像在夢境飛行，騎上觔斗雲，自由自在，之前幾次去未來，慌張有之，驚嚇有之，迷茫有之，跟這一回截然不同。

在溫暖的白光中，我聽到譚詠麟的聲音。

沒錯，就是人稱譚校長的譚詠麟。

「今次我對這個獎特別珍惜，今天我拿這個獎，我告訴大家，是我在樂壇最後一次，因為在未來日子，我決定了，我不再參加有任何音樂和歌曲比賽的節目。這不代表我退休，因為我捨不得你們。」

話音未落，傳來一浪接一浪的尖叫，有人大叫：「alan 唔好走

呀！」

　　白光淡出，阿媽淡入，她對著我冷笑：「怕輸就認了吧！何必搞這些花樣。」

　　原來我在電視機裡頭，怪不得有環迴立體聲。雖然無人見到我，我還是趕快爬了出來。

　　腳踏在水泥地上，我心踏實了。

　　這是我最早知道的家。公屋小單位，一房間隔，用的是膠板，掛多一塊布當簾用，就變了我的私人空間。其中一面膠板掛了要逐日撕掉的日曆，綠色大字13，上面打橫寫著「二月」。

　　電視機以今日的標準看，屬迷你芒[1]，莫說高清，標清都不是，但觀眾對著畫面七情上面，這種高解像度的交流，已經不復多見。

　　阿媽恨得牙癢癢，阿爸心情好不了多少，在旁邊冷冷地說了一句：「就是你們這些無知的狂迷把他逼到了牆角。」

　　爸爸，很久不見了。我對他最後的印象，跟眼前的中年漢相差太遠。那時他老抱怨這裡不舒服那裡不自在，眉頭永遠聚在一塊，眼神落寞，走路時肩膊一高一低，越來越沉默，要不一開口就是發牢騷。兩父子見面，話不投機，不見又不行，見了又不耐煩，徒添更多埋怨。後來他因呼吸不順入了醫院，也不知怎的，過沒多久就沒了，那天我站在病榻前，看著這個應該熟悉卻陌生的老頭，氣息全無，流不出半滴淚。

　　這刻，眼前是四十出頭的爸爸，身型健碩，眉開額寬，神清氣

爽，不沾病氣，這是我最初知道的爸爸。他死時我哭不出，現在卻湧出一把眼淚一把鼻涕，一發不可收拾。

陳坤拍拍我的肩，示意我看看躲在布簾後的自己。

六歲多的陳元，眼仔碌碌，密切注視勢成水火的父母。

「他是怕了張國榮，接受不到自己有天會被超越的命運，實在太沒有體育精神。」阿媽咬牙切齒，為張國榮深深不值。

「你鋪話法[2]！他是成人之美，以阿倫的狀態，紅多十年八載不成問題，他只是可憐其他人無得上位，太為人設想了。」

他倆你一言我一語，吵過不亦樂乎，互不相讓，不為柴不為米，為了譚詠麟拒絕再玩？身在風頭火勢的夫妻不知道，為這些雞毛蒜皮吵嘴，原來是多麼難得的福氣。當然，阿媽不會同意，她一定自覺嫁錯郎，越想越傷心，嗯，開始掉眼淚了。

陳元坐在床上看著，忽然大力拍了床褥一下，一頭埋進被窩裡。

兩個大的嚇了一跳，安靜下來。

半晌，阿爸拿起錢包，不發一言，拉開鐵閘門走了。

我拉起陳坤，趕在阿媽大力關上木門前追出去。

穿過光線不足的走廊，隨著腳步聲往樓下跑，我們亦步亦趨，跟在氣沖沖的阿爸後面。

路上的風景，曾經是生活的一部分，那時習以為常，毫不在意，再見才發現，一磚一瓦，一花一草，原來都是老相識。夜幕低垂，街燈微黃，我閉上眼都認得來去的路。

[1] 迷你芒，即小型屏幕。

[2] 你鋪話法，意即你這樣說便不對了。

阿爸轉身走入第六座樓下士多[1]，出來時挽著一袋啤酒，往三角公園方向開步。

　　公園外，我唸了三句：「講呢啲」。

　　陳坤甚麼也沒說，只拍一拍自己的左肩。

　　「你的咒語呢？」

　　「啊，咒語是度身訂造的，人人不同。」

　　「那為甚麼幫我訂造這樣的咒語？」

　　「我上網找的，你不喜歡嗎？」

　　講呢啲。

　　阿爸獨個兒坐在涼亭，石造的棋盤上，一罐生力，凍冰冰，孤伶伶。

　　理智上我知道這一幕已經成為鐵一般的事實，如果有輪迴，相信阿爸已經投胎九世了，他開心或不開心，一放進時間的長河，說穿了是微不足道。但管它長河不長河，總之眼前這個人是我阿爸，我想他快樂。

　　我跟陳坤說好了，我們假裝路過，找機會跟他搭一會訕，聊甚麼都好，能說上兩句話就夠了。

　　作這番建議時，我總算明白了六十五歲的陳坤要回到過去見我的心意。

　　不過講就無敵，做就無力。夜漸深，兩個男人在公園撩另一個男人說話，我還真的不知如何入手。

我猶在設計對白，陳坤已經若無其事直接走過去。

　　「先生不好意思，請問你第六座怎去？」

　　爸一個人喝著悶酒，難得有人經過問路，熱心地站起來指畫，陳坤用力點頭，連聲道謝。

　　「你真好人，現在好人難做，你看阿倫，唱得好又如何？以後有獎無得攞。」

　　我在一旁滴汗，如果這樣都給他成功搭訕⋯⋯

　　「你也喜歡阿倫？」阿爸樂了。

　　「誰不喜歡他？靚仔，風趣，雖然確實時常忘記歌詞，勝在有heart。我這個朋友就是他歌迷會的⋯⋯」陳坤把我拉到了老爸面前。

　　「你也喜歡阿倫？」

　　「是呀，最喜歡他的《凌晨一吻》。」一時情急隨口謅，也沒考究這歌在 1988 年出現了沒有。

　　看來是沒有，爸有點警惕起來，問：「哪張專輯的？沒理由我未聽過。」

　　陳坤搞不好本質是個大話精，眼也沒眨，接話說：「那是排期在後年派台的歌。」他壓低聲線，說：「他幫阿倫填詞的，自己不好意思說。」

　　陳坤朝我打了個眼色，我順勢哼起歌來：「一息間，深深一吻，含淚說再見，再會在凌晨。」

　　爸大概是信了，態度又熱絡起來。「好聽好聽！填詞人要好多墨

---

1 士多，即賣零食飲料的雜貨店。

水啊，才子才子，相請不如偶遇，來來來，飲酒。」

自出娘胎以來，我未見過阿爸這一面，在家裡，他是寡言的一個。他跟阿媽感情不是不好，但我硬是覺得，他心裡有另一個人。

我開了一罐生力，想起自己平時喝的是喜力，同是啤酒，已經有了不能言說的距離。父子隔代相逢，多少人能做到相知相敬？阿爸生前我也沒跟他碰過杯，死後換了個時空暢飲一次，也是緣分。

「天寒地凍，怎麼一個人在這喝酒？」對著親阿爺，陳坤的表現，可以用舉重若輕來形容。

「我老婆迷張國榮，明白了沒有？」

你問我的話，我是不明白，喜歡不同的歌手，又不是血海深仇。

「是有點棘手，但一家人，沒有隔夜仇的。」

「這些都不過是導火線，見微知著，大家話不投機，說少兩句就是了，她咬著不放，為了張國榮，甚麼難聽的話都說得出口，聽得多我心寒，喂，你為了你偶像可以踩到我那麼盡！」

「踩你還是踩阿倫？」

陳坤一言驚醒了夢中人，阿爸語塞了。

「照我看，做人往往是一念之間，你以為她針對你，其實是針對你偶像，你對號入座，越想越不爽。她改變不到你的喜好，你也改變不到她的，不過觀念可以改呀，轉個想法，天空海闊。」

阿爸默然，陳坤繼續：「明天情人節，約她去吃頓好的，就別再提那兩個男人了。」

我在一旁看陳坤真人示範演說技巧，搭檔一樣。阿爸連連點頭，心悅誠服，愉快喝著酒，陳坤乘這空檔，飛快拍了我左肩兩下，說：「講呢啲，時間不早了，多坐十分鐘吧，要走了。」

　　十分鐘。我和阿爸之間，過去現在未來，只餘下這十分鐘。我想跟他直白，喂，我是陳元呀老竇，我長大後不算孝順，還常常嫌你煩，你……你……

　　你甚麼好呢？你不要生氣？你不要難過？你不要介懷？

　　無論後面加的是甚麼，盡皆錯過。我們固然從沒騎過同一輛單車，亦沒試過結伴旅行，沒有對話，甚至沒有吵架，我們之間，有的是父子的名分，缺的是共同經歷，同一屋簷下，原來如此陌生。我不知他喝甚麼牌子的啤酒，不了解他走過的情路，不懂得他的痛苦，不關心他的哀愁。給我倆十分鐘，六百秒的時光，多麼短促，卻又悠長。

　　我心隱隱作痛，多少人就這樣過了一輩子，我會是其中一人嗎？

　　陳坤見我不語，又拍了我肩一下。

　　我拿起啤酒罐，跟阿爸的對碰，說：「為阿倫飲勝！」

　　阿爸哈哈大笑，一飲而盡，我有點呆住了，我竟然沒聽過阿爸開懷大笑。

　　「兒子出世後，很久沒這麼痛快，謝謝你們，飲！」

　　他兒子，不就是在下？還不打蛇隨棍上，更待何時。

　　「兒子多大了？」

「六歲了，像昨天的事。幸好世界變了，你看大陸經濟發展多快多好呀，等他長大，應該是中國人的世界吧。他81年出生時，中國開放了三兩年，我希望這個是一個好的時代，就改了一個單字，元，萬物有新的開始。」

這是我第一次聽說我名字的由來，當我想到我們後來目睹的世道變故，人心不古，他當下的樂觀，令我心更痛。

陳坤看看錶，起身告辭，說：「我們真的要走了，謝謝你的酒。」

「別客氣，酒逢知己，我會記住你說的，一念之間。」

道別時，我很想擁抱阿爸，這是真正的、最後的告別。

還在遲疑，陳坤已把我拖到公園暗角，爸爸寂寞的背影，消失在地平線。

時間到了，有別於過去幾次的突然結束，這一回，我們腳踏實地，陳坤帶我走進一條隧道，牆上在播放五次時光旅行的片段，大眼鏡伯伯、珊珊、家盈、曾總、小安、陳坤、媽媽、爸爸……隨著我們經過，片段自動淡出，如從未出現過，最後一個畫面，爸向我們揮手，我依依不捨，回頭想抓住甚麼，卻只見到一片白牆，陳坤站定了，真摯地說：「回去吧，希望你儘快開始最好的時光，爸爸，保重。」

我轉身一看，隧道盡頭，有一點光。

大部分人想去的都是未來，
我們總覺得，最好的時光在未來。

回去，不為未卜先知，更多是一種懷念，一種眷戀。

16
日出日落

睜開眼，天花板上水跡斑斑。閉上眼，家盈似笑非笑。睜開眼，斗室燈光昏暗，外頭日落西山。閉上眼，家盈不見了，面前只一片漆黑，偶然幾點浮光，忽明忽滅。睜開眼，閉上眼，弊傢伙，我想不起這天是星期幾，我只記得病了好幾天，迷迷糊糊間，不停做夢，夢見死鬼阿爸時，我以為蒙主寵召，一病不起。

　　起身下床，發現床尾有幾本八卦週刊，其中一本的封面居然是陳坤。誰把這些東西留在我家？除了家盈，我想不出還有誰會買這些雜誌。但那晚她來重修舊好後，好像沒出現過，她甚麼時候上來過？為甚麼我一點印象都沒有？

　　開冰箱拿枝喜力冷靜冷靜。門外一張記事貼，寫上2016年6月6日。我記得，這是家盈自訂的婚期，可旁邊這張又是甚麼東西？都甚麼年代了，誰還用打字機打字？這些日期又是甚麼來頭？2064年7月1日；2016年6月6日；2031年9月1日；2030年6月4日；1988年2月13日。

　　一定是家盈搞的鬼，等她下次上來，一定要她逐一解釋。

　　算了，反正已經第n次復合了，無所謂誰主動誰被動，我先打電話給她好了。

　　電話接通，明顯是外地鈴聲，她去哪裡了？

　　「喂？」電話傳來家盈刻意壓低的聲線。

　　「你在哪？我病到五顏六色，快來看看我。」

　　「我不是跟你說了嗎？我去了東京。」

「東京？你幾時說過？你跟誰去？」

身為一個男朋友，就算久不久就被打成「前男友」，竟然不知道女友去東京，直覺告訴我，今回出事了。

「跟朋友兩兄弟去的，喂，漫遊好貴，收線了，拜。」

電話給掛斷了，我拿著喝了一半的喜力，呆住了。

前幾天還在跟我說婚期的家盈，這刻和朋友兩兄弟在東京？兩兄弟，即是兩個都是男的？那朋友呢？是男還是女？

一大堆問號，無答案。

但就算整個世界把你遺棄，你阿媽都不會忘記你。電話響起，阿媽說，她已在樓下，「方不方便上來？」

你不如來到門口才問，不方便的話我會冒被雷劈的危險趕走你。

開門，阿媽一臉得戚，問她何解鬆毛鬆翼[1]，她故作神秘，我本來懶理，但這天忽然心地善良起來，想到她年紀大了，想找個人陪她玩玩，我配合一下就是。

「抽到頭獎呀你？」

她打開手袋，亮出張國榮逝世十周年紀念大碟，興奮地說：「簽名版！開心過中頭獎！」

簽名版？誰簽的名……難得她高興，算了，我收起我的刻薄，一秒咁多。

「話時話，你上次抽到的是甚麼呀？」

抽到甚麼？我腦後閃痛了一下。

打開亂過亂葬崗的抽屜，翻出那個薄如蟬翼的信封，打開，裡面有張白條子，恭喜我抽中鑽石耳環，叫我親自帶同信件到某大廈領取云云。

　　看看那地址，廟街？這會不會是《警訊》教落、避得就避的騙局？

　　隨手放一旁，阿媽拾起一看，如獲至寶，再三叮囑我第二天速速換領。

　　「送給家盈，討討她歡心。」

　　就因為阿媽這一句，第二天中午，我摸上了那家不知名的公司。爬樓梯時，我開始後悔相信這是真的。

　　既來之，則安之，按了門鈴，一個高高瘦瘦、三十出頭的男人應門，我道明來意，他仔細看了領獎通知書，隆而重之地遞上一雙鑲了鑽石，閃閃生輝的耳環，檢查完畢，又隆而重之收進藍色天鵝絨錦盒。

　　檢查時我裝模作樣，其實我哪會分鑽石或玻璃，反正是送的，無所謂啦。

　　這個高瘦男不知是不是啞的，直到我離開，他不曾說過一句話。

　　不要緊，滿街都是多話的人，廣東話和普通話，環迴立體聲。看看錶，還有一點時間，經過美都，心念一動，不由自主走進去。

　　「哥仔，今日一位？」

　　想不到這老字號的侍應這麼親切，我心定了，走上二樓在靠窗

---

[1] 鬆毛鬆翼，洋洋自得的樣子。

卡位坐下。

綠色窗框框住了廟街的天空。剛過了午飯時間，街上人多車多，廟前空地，三三兩兩幾群人，秋風起了，他們在聚舊還是聚賭，看不透。一條街，有人行色匆匆，有人慢條斯理，時間倒公道，大家都分得二十四小時，跑得快跑得慢，終點一樣。

今天怎麼特別多愁善感，男人老狗，講呢啲。

「哥仔，今日又食錦滷雲吞？」

這個小兄弟十成十認錯人，我本來就不常來，以前也從未叫過錦滷雲吞，又酸又甜，有甚麼好吃。

「好啊，就這樣。」

話一出口，我心一驚，我之前是否食錯藥，抑或發燒燒壞腦？腦裡想的是東，口裡說的是西。

更想不到的是，這賣相古怪的東西原來很好吃。沾了醬汁，輕力一咬，脆脆地，酸酸甜甜。以為一個人吃不完，那知一口接一口，欲罷不能。

離開美都，心裡踏實了，因為飽了還是因為發現了新美食？不知道。

走向地鐵站，有人擺街站，大概是停不了的簽名運動。一個不知滿十六歲沒有的少女走到我跟前，問：「先生，你想改變世界嗎？」

少女長了一張圓臉，很可愛的嬰兒肥啊，但問題問得那麼乾脆

俐落，簡直是咄咄逼人了，一下子走又不是，留又不是，我呆立在街頭，在沉默中與她對望了一會，堅定的眼神，透著強大的信念，那信念是甚麼？

我呢？我信的是甚麼？

恍恍惚惚，迷迷糊糊，遊魂似的到張君那裡上命理課。這天是第一課，本來打算教《易經》，但聊東聊西，他忽然又幫我看起相來：「你聽我說，你命中注定有個乖仔，性格很純良，當不成領袖，但是柔中有剛，是非常難得的人才，你叫陳元，就叫他陳坤，坤，易經第二卦……」

他喋喋不休的說文解字，我心思卻越飛越遠。

叫阿仔做陳坤？哈。講呢啲。

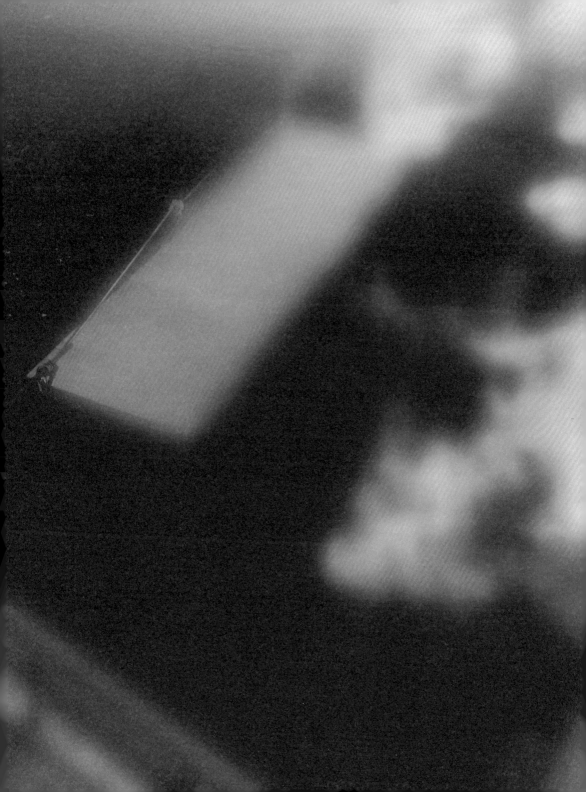

後記

關於時間、焦慮和美好生活／朱順慈

　　人生不免焦慮，為了起居飲食，為了一家大小，為了事業前程，為了生老病死，為情，為愛，為成，為敗，清單可以一直寫下去，直至最後兩腳一伸，燈滅了，焦慮如煙散去。

　　有些焦慮很個人。年前生日，歲數轉字頭，十年又十年，中間這些時光，我為自己曾經有過的夢想做過甚麼？小時候寫「我的志願」，憧憬成為電影編劇和導演，後來因為種種機緣巧合和不巧合，竟然當上了大學老師，在傳播學系教授傳播歷史，討論媒體如何建構所思所想，探索所謂創意的可能。這樣美好的生活，感激來不及，何來焦慮，但來自內心的聲音，只要想聽，就聽得到。

　　那天我許了一個生日願望，趁時日未晚，我要想辦法實現童年夢想。接下來兩年，靠著對時間的焦慮感，製作了一齣九十分鐘的電影《佳釀》。

　　有些焦慮很社會。《佳釀》裡的香港，在地產霸權的陰霾下，鬱鬱寡歡。回歸十七年，香港集體抑鬱，病情反覆，每況愈下。1984年，中英兩國發表聯合聲明，香港人盯著「1997」這個期限規劃未來人生，當97成為歷史，因為基本法訂明，香港人最終能夠以一人一票的方式選出自己的行政長官，我們又有了新的死線，先是2012，然後是2017，等了又等，更別說五十年不變的2047。

　　2014年，北風凜烈，為多年的等待畫上句號。未來不必期盼，昨日之日已不可留，前路茫茫，任誰也只能立足當下，黯然上路。

　　社會氣氛低迷，似乎只剩下妥協和抗爭之路。我在香港出生，

接受教育，以此為家，要說面前只有兩條路，我承認，我被巨大的焦慮感吞噬了。

《現在未來式》就在這樣糾結的心情下寫成的。過去現在未來，不再是一條單行線，小說移動了時間的座標，時空旅行的幻想安慰了我。

故事主角叫陳元，三十三歲，無固定工作，感情不穩，租住要爬樓梯的唐樓，比上遠遠不足，比下綽綽有餘，過去沒甚麼好懷念，未來也沒多大懸念，卡在當下，有一日過一日。某夜，他在一個晚會抽中頭獎，獲得五次時光旅行的機會。旅行社總部設在廟街，由一個外表三十出頭，聲音卻如同大叔的高瘦男主理。陳元可以自由決定往返過去或未來，第一次，他選擇到了五十年後的七月一日，原來，香港已經不再是香港。

美好生活。電影和小說，說了風馬牛不相及的兩個故事，但事後重溯創作思路，共通點除了時間和焦慮，還有對「美好生活」的詰問。《佳釀》裡的人生教練，公司就叫做 Good Life，但她也不知道自己過上了沒有。《現在未來式》念茲在茲的是，穿越時空後在時間長河的另一端，我過上了美好生活嗎？

美好生活是甚麼？似水流年，抓緊未酬的壯志、實踐對自己的承諾、追求豐衣足食、自由民主、平等互愛……當中所言的美好，有沒有優次？所謂的美好生活，是眾數，還是單數？

拍一齣戲，寫一本小說，過程固然充滿高低起伏，完成後要面

向觀眾和讀者，又是另一番滋味。創作人的初衷大多是好的，只是受限於才華和各式因素，作品好與壞，就輪不到作者評說，照說這也是一種焦慮，我感念的卻是在這三年間陪我深思有關時間、焦慮和美好生活這些課題的好朋友，謝謝你們，人漸漸老去，香港慢慢褪色，地動天搖的當兒，人間還有可信靠的情誼。

想像與現實之間 / 陳韜文

　　順慈是我多年的同事和朋友，我們都稱她為Donna。這個學期她到荷蘭學術休假，但離港不到兩個星期就收到她傳來《現在未來式》小說草稿，並問我有否興趣把我的照片跟小說配搭在一起發表。

　　混合兩種不同的媒介平行表述，我覺得這主意有新意，有可能為讀者帶來新鮮的閱讀經驗，所以差不多即時答應下來。

　　如何使具像的照片不是插圖而又可以與小說文字有所呼應是我首先面對的挑戰。我想，如果我的照片有一較抽象的主題，而主題又接近小說的題旨，那兩者在較高層次上有所呼應就變得可能，從而為交叉閱讀帶來額外的樂趣和想像空間。

　　看過小說之後，我發現小說涉及時間、空間、命運、想像與現實多方面的關係，加上小說本身就是一種虛構現實，而我的照片中探究現實與想像的關係的也有不少，所以就決定以“現實與想像”為題集合相關的照片，作為小說的抽象配搭。

　　現實與想像之間有無限的可能性，可以是現實與想像不同程度和多種多樣的混合。有現實才有想像，也因為有想像才有現實。我們所知道的現實，很大程度是客觀現實與社會及主觀互動的結果，是社會建構出來的想像現實。

　　現實的建構是一個社會過程，很多時候更是一個爭持的過程，受到時間和空間的影響。現實有現在式的，有過去式的，也有將來式的，彼此可以互相影響和轉化。過去的現實可以是以歷史印記的方式承傳下來，經受時間的考驗，也可能因為時移世易而變得模糊，

又或因應當下的需要而重新建構。對未來我們有各種各樣的期許和憧憬，是我們現在對未來的投影，是驅動我們向前的預期想像現實。

我們一般以為最能反映現實的就是影像，認為照相機完全是客觀現實的反映。其實，照相機蘊藏的主觀性是不能低估的。首先，攝影者認為甚麼值得影，甚麼不值得影，當中的取捨決定，關乎影者的價值觀念、審美標準、攝影知識、以至社會文化背景。取景框架如何設定，焦點在哪，突出甚麼，背景如何界定，這種種考慮都影響到拍攝時各種技術設定，最後影響到照片傳遞的訊息、境界和情感。以此觀之，就算是寫實式的照片，也是一種想像現實，是主觀和客觀互動的結果。

無論是哪一種想像現實，雖然它們不一定完全真實，但卻實實在在的影響我們的思想和行為，產生真實的效應。我們都生活在想像現實中，同時受到約制和催動，在參與建構現實之餘，我們似乎能夠做的就是盡力接近現實，釐清想像與現實之間的差異，並努力把想像化成生活現實。

現在未來式 / 朱順慈作 . -- 初版 . --
臺北市 : 飛文工作室 ,
2014.11 200 面 ; 17×21 公分
ISBN 978-986-90140-2-1 (平裝)

現在未來式

作者	朱順慈
攝影	陳韜文
出版	飛文工作室
電話	02-2365 7961
e-mail	flyingwordstudio@gmail.com
網址	www.flyingwordstudio.blogspot.com

臉書

編輯	林峰毅　葉飛
校對	蘇芷瑩
設計	Nabis Lin

總經銷	貿騰發賣股份有限公司
地址	新北市中和區中正路 880 號 14 樓
電話	02-8227 5988
傳真	02-8227 5989
網址	www.namode.com

| 印刷 | 通南彩色印刷有限公司 |

初版	二〇一四年十一月
定價	新臺幣 320 元
	港幣 90 元